평행세계의 그대에게 :
과학 읽는 두 여자가
주고받은 말들

우아영

강연실

목차

마지막 편지

정인경

이해의 빛이
가슴으로 들어오는
순간으로

여자 둘이 과학책을 읽고 편지를 주고받습니다. 우아영과
강연실, 이들은 한국 과학계를 빛낸 여성 과학자도 아니고,
이들이 읽는 책은 필독서로 잘 알려진 유명한 과학책들도
아닙니다. 스스로를 과학계에서 탈락한, 줄줄 새는
파이프라인의 물살에 휩쓸리고만, 작은 물방울이었다고
말합니다. 어디로 가야 할지 정해진 곳이 없는 물방울은
살기가 더 힘들었겠죠. 그래서 그런지 이 책은 '나로서 사는
법'을 찾기 위해 읽었던 과학책들로 채워져 있습니다.

두 사람은 각각 살아온 환경과 경력, 성격, 일하는 방식이 다릅니다. 하지만 서로를 존중하고 사려 깊게 대화하는 목소리는 솔직하고 생생했어요. 기울어진 운동장에서 살아남은 짜릿한 성공담이 아닐지라도 마음을 사로잡기에 충분했습니다. 저는 왜 이토록 사적인 의미로 충만한 이야기에 귀 기울이고 있는지를 생각해보았어요. '유리천장을 깬 여성서사'가 아닌 너무나 현실적인, 우리가 듣고 싶은 이야기여서 소중하게 느껴졌습니다. "아이에게 부끄럽지 않은 엄마가 되고 싶어서", "엄마로 자라나기 위해 과학책을 읽는다"는 고백에서부터 칼 세이건의 『코스모스』를 "고인 물"이라고 말하는 패기까지. 닮은 듯 서로 다른 두 사람의 대화는 한국 사회에서 누구나 겪는 경험에서 자기 목소리를 냅니다. 오묘하게 뒤엉켜서 의식의 흐름대로 나오는 이야기 같지만 하나의 문제의식으로 수렴되지요.

"과학계에 왜 여성이 필요할까?" 과학의 탄생 이래 인류에게 던져진 숙제 같은, 이 오래된 질문을 계속 제기합니다. 여성의 능력이 존중되지 않는 과학계에서 스스로 존재 가치를 증명해야 했던 억울함과 서러움이 곳곳에서 묻어나지요. "이곳이 내 자리가 아니다"라고 자기 부정을 하며 물러섰다는 이야기에 마음이 아파옵니다. 하지만 저는 이들의 좌절과 실패, 작은 일이라도 잘 해내려는 의지는 한국 과학계의 자산이라고 생각합니다. 2020년대 한국에서 젊은 여성 둘이 과학책을 읽으며 자신의 경험과 생각을 말한다는 것은 개인적 취향을 넘어서 사회적으로나 정치적으로 의미 있는 일이죠.

솔직히 저는 이들이 부러웠습니다. 제 나이 30, 40대에 이들처럼 자유롭게 생각을 드러내고 말하지 못했거든요. 몇 년 전만 해도 한국의 과학기술은 가치중립성의 신화에 갇혀 있었어요. 과학기술에 절대 사용하지 말아야 할 금기어가 '정치적'이라는 용어였죠. 과학책에 이런저런 주관적 생각을 덧붙이는 '정치적 행위'는 과학자의 할 일이 아니라고 여겼습니다. 과학에 객관성이라는 하나의 답이 있는 줄 아는 시절에 저는 온갖 눈치를 보며 이런 사회적 분위기에 짓눌려 살았어요. 과학적 사실 빼고는 할 이야기가 없다고 느낄 때 생각은 멈춰버립니다. 저는 이 책을 읽으며 생각과 말문이 트이는 걸 경험했어요. "내가 다니던 대학은 여자화장실이 5층 건물에 2층 한 군데에만 있었어요" 이렇게 이들의 대화에 끼어들고 싶었습니다. 그리고 "과학계에 왜 여성이 필요할까?"에 답을 찾는 데 함께 동참하고 싶었습니다.

살다 보면 이해의 빛이 가슴으로 들어오는 순간이 있습니다. 과학에는 "생명이란 무엇인가?"와 같은 궁극의 질문들이 있잖아요. 수많은 과학자가 끈질긴 탐구를 통해 과학적 질문을 점점 더 높은 땅 위로 들어올립니다. 이전에 배운 것에 새로운 것을 덧붙여 과학을 높고 넓게 확장시키지요. 이처럼 이 책의 저자들은 "과학계에 왜 여성이 필요할까?"라는 질문을 한 단계 높은 곳으로 올려놓았습니다. 저는 이 책의 문제의식과 앎을 공유하며, 이들과 함께 우리 모두 올라섰음을 느꼈어요. 지금껏 보여준 이들의 열정과 분투에 아낌없는 박수를 보내며, "당신들이 옳았어요. 지금도 잘하고 있습니다."라는 말을 전합니다.

제가 갖지 못한 것은
제 직관을 믿는 용기였답니다

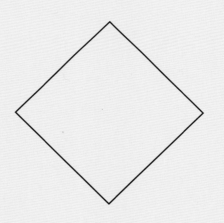

『평행 우주 속의 소녀 –
평등한 과학을 꿈꾸다』
아일린 폴락 지음, 한국여성과총 옮김.
이새 (2015)

우
아
영

◇

연실 씨, 안녕하세요. 과학책을 둘러싼 이야기를 나눠보자고
이야기한 지 벌써 여러 해가 흘렀네요. 마스크가 일상품이
되기 한참 전의 일이니까요. 그래도 꾸준히 이야기를 나눠
이렇게 첫 편지를 드리게 되었음에 감사합니다.

연실 씨를 처음 만났던 날이 어렴풋이 기억납니다. 2017년
1월, 과학비평잡지 〈에피〉 창간호 기획회의에서였죠.
그때만 해도 저는 〈과학동아〉 기자였고, 연실 씨는
과학기술정책대학원 박사과정 졸업 예정자였고요.
환경보건정책을 연구하신다는 소개를 듣고는 눈을 크게 떴던
기억이 나요. 누군지 잘 봐두려고요. 나중에야 안 사실이지만,
환경건강 지식이 생산되는 과정을 연구하셨더라고요.
과학적 지식이 어떻게 생산되고 유통되는지, 저 역시
관심이 많거든요. 우리는 훗날 이렇게 책을 함께 쓰게 될
운명(?)이었던 것이어요. 하지만 우리가 그런 운명으로 만나게
되기까지, 개인적으로 좌절의 시간을 지나왔다는 고백을
하려고 해요.

기계공학과 연구실을 떠나기로 결심한 날을 기억합니다.
여름 초입이었고, 연구실에 들어간 지 1년이 다 되어가는
날이었어요. 애초 석박사통합과정을 지망했지만 정원이
부족해 석사 과정으로 입학했던 터라 통합과정으로 전환을
앞두고 있었죠. 그러나 1년간 경험한 연구실 생활은 절
계속해서 밀어내고 있었어요. 공대 전체를 통틀어 여자 교수가

17

제가 갖지 못한 것은
제 직관을 믿는 용기였답니다

한 명뿐이라는 사실(멘토의 부재), 10%가 채 안 되는 여학생
비율, 남성 중심적인 연구실 문화 등, '이 길을 계속 걸어도
되는가' '나는 이 분야에서 어떤 일을 할 수 있는가'에 대한
저의 물음에 답을 주지 못하는 환경적 요인은 셀 수 없이
많았습니다. 그렇게 정든 공대를 떠나고 3년 뒤에야 만난
책『평행 우주 속의 소녀』를 쓴 아일린 폴락(Eileen Pollack)도
그러했죠.

> "점점 자신감이 없어졌다. 남은 여생 동안 내가 이렇게 계속
> 힘들게 살 수 있을까? 어떻게 방에서 단 한 명의 여성으로
> 향후 10년을, 20년을 또 보낼 수 있을까? 만약 물리학을 하지
> 않는다면 나는 무엇을 할 수 있을까?"(207쪽)

그날 커피 두 잔을 사 들고 누군가에게 상담을 청했는데,
견디어 보라거나 잘하고 있다는 식의 피드백은 없었던 걸로
기억합니다. 대신 그는 안타깝다는 표정으로 이렇게 말했어요.

> "몇 년 고생하면 국립대 같은 덴 쉽게 갈 수 있을 텐데.
> 여교수 할당이 따로 있거든. 역차별이지."

저 한마디는 제가 학부 4년에 대학원 1년까지 총 5년 동안
끊임없이 되새김질해왔던 '자기 의심'을 부풀리기에
충분했습니다. 여성이자 공학도로서 스스로 내면화하고 있던
'자기 고정관념'은 점점 몸집을 키워 마치 명확한 사실인 마냥

저를 압도했고요. (연실 씨도 혹시 이런 경험이 있나요?) 이런 상황에서 제가 당시 얼마나 학업에 열심이었는지, 동기생들에 비해 성적이 얼마나 좋았는지를 말하는 건 아무런 의미가 없을 겁니다.

30년 전 비슷한 삶을 산 평행 우주 속 여학생의 이야기

평행 우주란 어떤 우주(세계)에서 갈라져 나와 평행하게 존재하는 또 다른 우주가 있다는 개념을 의미하는 과학 용어죠. 영화의 모티프로 활용되기도 했는데, 서로 다른 시대를 사는 두 사람의 운명이 같은 패턴으로 전개되는 걸 평행 이론이라고 하고요. 『평행 우주 속의 소녀』라는 책 제목은, 예일대에서 우수한 성적으로 물리학과를 졸업했음에도 이론물리학자의 꿈을 버리고 작가가 된 소설가 아일린 폴락의 삶을 수십 년이 지난 지금도 여전히 많은 여학생들이 비슷하게 살아가고 있는 현실을 비유한 것입니다.

책의 내용을 잠깐 소개해드리자면, 1부는 대학에 가기 전까지 수학과 과학에 관심이 많았던 그의 학창 시절을 회상하는 내용으로 채워져 있어요. 그가 얼마나 총명했(다고 스스로 생각했)는지, 그러나 여학생이라는 이유로 남학생과 달리 수학 월반을 할 수 없었던 현실로부터 얼마나 좌절감을 느꼈는지 기록돼 있습니다. 그럼에도 불구하고 예일대 물리학과에 진학했다는 건, 그가 정말로 물리학에 관심과 재능이 있었다는 의미일 겁니다.

그러나 불과 몇 년 뒤 그의 의지는 꺾이고 말아요. 제가 생각하는 이 책의 백미인 2부에서는 그가 예일대 물리학과에 진학해 좌충우돌한 에피소드가 가득합니다. 그는 1970년대에 예일대 물리학과를 다녔는데, 2006년부터 기계공학과를 다닌 저와 비슷한 생활을 했어요(정확히 말하자면 제가 그와 비슷한 삶을 산 거겠죠). 할리데이 『일반물리학』(1970년대 당시에도 무려 개정판)으로 공부했고, 강의실에서 홀로(두 명도 아닌 한 명!) 여자였고요. 아무도 데이트 신청을 하지 않을 것 같아 여성스러움으로 자신을 포장했다고 고백합니다. 홀로 여자인 실험실에서 실수를 하고는 쏟아지는 시선에 얼굴이 화끈거린 기억, 다른 여학생을 대신해 자신이 여학생 대표로 잘못에 대한 질책을 받는 것 같았다는 고백, 남학생 기숙사에선 서로 모여 과제에 대해 토론하는 걸 알면서도 자신은 참여하지 못했던 기억. 자신이 물리학적 직관을 어느 정도 가지고 있다는 것을 어렴풋이나마 인지하고 끝없는 노력

끝에 전 과목 A학점을 받았음에도 불구하고, 이런 부정적인
경험이 쌓이면서 그는 끊임없이 자신의 능력을 의심했습니다.
제가 물리학 중에서도 역학 파트만을 고루 다루고, 특히
여학생 비율이 30년 전 물리학과와 비슷할 정도로 적은
기계공학과를 다녔기 때문에 공통점이 더욱 많았던 것 같아요.

아일린 폴락의 진단은 이렇습니다. 여성에게 우호적이지
않은 과학계의 분위기, 멘토가 많지 않은 현실, 여학생이
올린 성과를 칭찬하지 않는 문화 등 성차별적 요인이
여학생을 의기소침하게 만들고 결국엔 과학계를 떠나고 싶게
만든다고요. 그리고 작문 수업을 듣는 동안 정반대의 긍정적
동기부여를 경험한 그는 결국 작가가 되기로 결심합니다.

> "대학생활을 2학기 남겨놓고 종종 물리학을 그만두고
> 작가가 되고 싶다고 느껴진다. 나는 인문학이 과학보다
> 덜 중요하고, 따라서 여성에게 인문학이 더 적합하며,
> 물리학이 너무 어려워서 작가가 되었다고 사람들이 내게
> 말할 것만 같다. 과학 작가가 되기 위한 의도로 물리학에서
> 박사학위를 받는 것조차 모든 여성스러움을 파는 것처럼
> 느껴진다."(189쪽)

앞서 말했듯 저는 석사 생활 1년 만에 기계공학을 그만두고
언론인이 되고 싶다고 느꼈습니다. 어렸을 때부터 글쓰기를
좋아했고 자주 격려받았던 데다, 글의 힘도 믿고 있었거든요.

제가 갖지 못한 것은
제 직관을 믿는 용기였답니다

남들이 모르는 이야기를 발굴하는 데에도 관심이 많았고요.
그때 조언을 구한 또 다른 이는 나의 선택에 응원을
보내긴커녕 "어려우니 도망치는 것"이라고 힐난했어요.
정확히 제가 가장 두려워하던 말이었죠. 30년 전의 아일린
폴락과 어쩌면 이렇게도 비슷할까요?

그는 물리학의 길을 걷지 못한 것에 대해 "내가 갖지 못한 것은
내 직관을 믿는 용기였다"(132쪽)고 고백합니다. 그리고 그건,
정확히 저의 과거에도 해당하는 말이었습니다. 공학자가 되어
세상을 더 살기 좋은 곳으로 만들고 싶었는데, 내 실력으론
어림도 없겠다고 생각했던 것 같아요.

과학계에 다양성이 중요할까?

여성의 진로 이탈 현상을 일컫는 말로 '새는 파이프라인(leaky
pipeline)'이라는 용어가 있죠. 고등학교 때 집중적으로 공부한
뒤 대학에서 더 이상 해당 분야를 전공하지 않거나, 졸업하기
전 다른 전공으로 바꾸거나, 졸업 후 다른 커리어를 선택하는

경우 말이에요. 폴락은 책의 나머지 3부를 할애해 STEM 분야에서 여성을 이탈하게 만드는 제도적, 사회문화적, 심리적 장벽을 수많은 인터뷰와 연구자료를 통해 파헤쳐요.

저는 이 책을 접한 뒤로 여성 과학자, 특히 젊은 여성 과학자들의 삶을 더 유심히 살펴보게 됐어요. 줄줄 새고 있는 파이프라인의 홍수 속에서도 물살에 휩쓸리지 않고 살아남은 이들이어서 그런지, 다른 어떤 직업군보다 자신의 일을 명확히 이해하고 사랑한다는 느낌을 받았습니다. 한편으론 남성 과학자들에게서 보기 어려운 모습도 자주 목격했는데, 이를테면 제가 정말 간절히 원고를 받고 싶었던 한 여성 이론물리학자는 아픈 어머니와 아이들을 돌봐야 해서 본인의 연구와 강의, 대학원생 지도 외에는 도저히 시간을 내기가 어렵다며 미안하다는 말을 전해왔어요. 그가 제게 미안할 건 전혀 없었죠.

연실 씨, 근본적으로 과학계에 여성이 필요한 이유라는 게 존재할까요? 저는 이렇게 생각해요. 흔히 사람들은 과학 연구가 매우 객관적이고 중립적으로 이뤄진다고 믿는 것 같아요. 하지만 어떤 과학을 연구할지 정하는 과정부터 지극히 사회, 경제, 정치적인 이유가 개입되잖아요. 과학 연구는 공짜로 이뤄지는 게 아니고, 한정된 자원과 인력을 어디에 투입할지 선별해야 하니까요. 그리고 물론 이 선별 과정은 사람이 하고요. 그 사람들의 문화적, 인종, 성별, 국가, 소득,

　　　　　　　제가 갖지 못한 것은
제 직관을 믿는 용기였답니다

관심 같은 배경이 이 과정에 영향을 미치겠죠. 이건 정책을
연구한 연실 씨가 저보다 훨씬 잘 알고 계실 것 같아요.

특히 생명보건분야에는 다양성 부재로 인한 결과가 뚜렷이
나타나는 듯해요. 수십 년 전 산출된 적정 실내 온도가
여성에겐 적절치 않다는 아주아주 유명한 예시가 있는데, 과거
연구에서 40대 백인 남성들만 실험 대상으로 삼았기 때문이죠.
수년 전, 연구자의 성별에 따라 실험 쥐가 다른 반응을
보였다는 결과가 보고된 적도 있고요. 어떤 약물에 대한 쥐의
생체 반응을 관찰하는 연구였는데, 연구진은 여성 연구자와
남성 연구자가 쥐를 대하는 방식이 달라 쥐의 스트레스
호르몬이 다른 농도로 방출되면서 연구 결과에 영향을 미친 것
같다고 추정하기도 했습니다.

이런 지적이 계속 나오다 보니 미국에서는 일찍이 젠더를
반영한 연구개발 혁신 연구가 진행됐어요. 그간 과학계에
남성 연구자만 존재함으로써 인류가 놓쳐온 중요한 아젠다를
발굴하고 그에 대한 연구를 진행해보자는 프로그램입니다.
대표적인 사례로 여성의 질에 직접 넣는 HIV 항바이러스제를
개발하기 위해 연구의 초점을 겔의 유체역학에 맞춘 연구가
있었어요. 아프리카 일부 국가에서는 여성의 지위가 낮아
여성이 남성에게 콘돔 같은 피임 도구 사용을 요구하기가
어렵기 때문이죠. 그 연구의 부수 효과(?)로, 해당 연구를
진행한 연구실에 여학생 지원자가 늘었다고 합니다. 하도

◇

얘기를 많이 해서 지금은 너무 낡은 이야기처럼 느껴지지만, 제가 이 프로젝트를 처음 접했을 땐 그야말로 충격이었어요. 역으로 생각해보면, 지금껏 누구도 이런 연구를 하지 않았다는 의미였으니까요! 요컨대 더 많은 여성이 STEM 분야로 진출하도록 제도적으로 돕는 것은 그 자체로 인류의 과학 연구가 나아갈 방향을 묻는 것이나 마찬가지라고 봅니다.

제가 생각하는 또 하나 더 중요한 이유는 바로 개인의 '선택권'입니다.

"인재에겐 여러 재능이 있고, 결국 긍정적인 분야를 선택한다"

이 책을 읽고 난 뒤에, 고등학교에서 이과를 선택했지만 대학에서 자연, 공학 계열 외 전공을 택한 여성들을 인터뷰할 기회가 있었어요. 분명 수학과 과학을 잘했지만, 전공으로 택하지 않은 이들이죠. 누군가는 "공대라고 하면 왠지 용광로가 펄펄 끓는 곳에서 일하는 것만 상상돼 선택하지 못했다"고 했고, 누군가는 "'여학생이 공대는 가서 뭐 하려고 하느냐'는 선생님의 꾸지람 아닌 꾸지람에 진로를 바꿨다"고 했습니다. "성적이 좋았지만 대학에서까지 잘할 자신이 없었다"고 답한 이도 있었고요. 모두 서울 상위권 대학에 진학할 만큼 성적은 충분히 좋았습니다.

이런 현상에 대해 아일린 폴락은 흥미로운 연구 결과를 제시해요. 국제수학대회 우승자들을 조사했던 미국수학협회 연구원들은 "한 분야에 뛰어난 재능이 있는 아이들은 흔히 다른 여러 분야에도 재능이 있으며, 어떤 재능을 더 살려야 할지를 결정할 때 보다 긍정적인 피드백을 제공해주는 분야를 선택하는 경향이 있다"(344쪽)는 것이죠. 아일린 폴락도 비슷한 경험을 한 셈이었어요.

『평행 우주 속의 소녀』는 과학을 구성하는 아주 작은 부분만을 다루고 있는지도 모르겠어요. 그러나 이 책은 과학에 대한 저의 관점을 180도 바꿔 놓았습니다. 과학이 사회적 구성물로써 사회를 반영한다는 것, 그래서 과학을(사람들이 바라는 대로) 정말 중립적으로 만들려면 과학을 둘러싼 모든 것을 중립적으로 만드는 의도적인 노력이 필요하다는 것, 그렇게 했을 때 우리는 보다 풍요로운 과학적 토대 위에 서게 될 것이라는 걸 처음으로 알게 됐죠. 내 삶의 깊숙한 부분까지 영향을 미치는 과학기술 연구를 한 시민으로서 더 적극적으로 감시해야겠다는 다짐을 한 계기이기도 했습니다. 오늘도 묻게 됩니다. 우리는 무엇을 놓치고 있을까요?

수많은
여성 기술노동자들이 가졌을
의구심을
생각해 봅니다

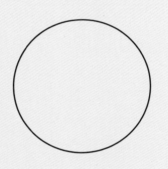

『계획된 불평등 –
여성 기술인의 배제가 불러온
20세기 영국 컴퓨터 산업의 몰락』
마리 힉스 지음, 권혜정 옮김.
이김 (2019)

강연실

아영 씨, 저 역시 우리의 첫 만남을 기억해요. 〈에피〉 창간호에
실릴 아영 씨의 글을 함께 읽고 이야기를 나눴죠. 국내외
교과서들을 꼼꼼히 살피고, 집필자들을 만나 과학 교과서에
어떤 젠더 평향성이 있는지를 따져 본, 용감하고 또 부지런한
글이었어요. 과학에 대한 새로운 시각을 제시하자는 포부를
갖고 시작한 잡지의 첫 호에 아영 씨의 글을 싣게 되어서 매우
기뻤던 기억이 납니다. 그날 저녁, 우리가 동갑내기의 공대
출신이라는 사실을 알게 되었을 때 (말은 못 했지만) 저의
내적 친밀도는 매우 높아졌답니다.

우리의 대화를 '우리'로부터 시작하게 되어 기쁘게
생각합니다. 아영 씨와 달리 저는 남학생이 여학생보다
세 배쯤 많았던 과학고를 다녔고, 곧 여대에서 공학을
전공하게 되었습니다. 여러 가지로 환경이 많이 달랐어요.
단적으로 고등학교에서는 남자 소변기가 그대로 남아
있는 기숙사에서 생활했지만(초창기에는 남학생만 받았기
때문이죠), 대학에서는 교직원을 위한 남자 화장실이 한
층 걸러 하나 있었으니까요. 그래서 적어도 대학생 시절의
저는 여자 교수님들과 대학원생 언니들을 보며 과학자로,
공학자로 사는 여성의 가능성을 의심하지는 않았던 것 같아요.
(같은 학교에서 대학원에 진학했다면 좀 다른 이야기가
되었겠지요.)

그러나 이상한 점도 있었답니다. 제가 다닌 학교는 "여대

31

최초의 공과대학"이라는 수식어를 달고 있었지만,
여느 종합대학의 공과대학에 비하면 설치된 학과의 수도 적고
규모도 작았지요. 제가 입학할 때만 해도 전자, 컴퓨터, 건축,
환경 이렇게 네 개의 전공만 설치되어 있었습니다. 아영 씨가
전공한 기계공학과는 없었어요. 대신 재학 중에 식품공학과가
신설되었지요. 전 언제나 왜 이 학과들만 설치되어 있는지
궁금했는데, 이때 어렴풋이 알게 되었습니다. 여대의 공대가
이런 모습인 데는 다 이유가 있다고요.

인간 컴퓨터의 집단적 탄생

그 이유를 더 잘 알게 된 것은 대학원생 때였습니다. 한
수업에서 한국의 여성 과학기술인들이 멘토로서 쓴 책들을
분석한 소논문을 작성했는데, 그때 원로 여성 과학기술인들이
간호학, 식품영양학, 컴퓨터공학 등 소수 분야에 집중되어
있다는 것을 알게 되었어요. 전통적으로 간호학과
식품영양학이 여성의 분야, 혹은 가정 내 여성의 역할과
부합하는 분야로 여겨진 한편, 컴퓨터공학은 위험하지 않고

실내에서 일할 수 있어서 여성에게 적합한 분야로 여겨졌다고
해요. 시대를 달리해 아일린 폴락과 아영 씨가 남성 중심의
과학기술 분야에서 외롭게 고군분투했다면, 반대로 어떤
분야들은 여성에게 적극적으로 권장된 것이지요. 제가 다닌
학교의 전공들도 '여학생에게 적합한 공학이란 무엇일까?'에
대한 논의를 거쳐 선정된 것이 아닐까 생각합니다.

컴퓨터공학이 여성과 떼어놓을 수 없는 역사를 갖고 있다는
사실은 그보다 더 나중에 알게 되었어요. 지금은 '컴퓨터'가
기계를 가리키지만, 반세기 전에는 복잡한 계산을 담당하던
사람, 특히 여성 계산원을 지칭하는 말이었습니다. 영화로
제작되기도 한 마고 리 셰털리(Margot Lee Shetterly)의 『히든
피겨스』(Hidden Figures)[1]에 등장하는 주인공들이 바로 인간
'컴퓨터'들입니다. 뛰어난 수학적 능력을 가진 흑인 여성들로
구성된 계산원들은 열악한 환경 속에서 NASA의 엔지니어들이
하달하는 문제를 계산으로 풀어내는 역할을 수행하지요.

마 힉스(Mar Hicks)[2]의 『계획된 불평등: 여성 기술인 배제가
불러온 20세기 영국 컴퓨터 산업의 몰락』(Programmed
Inequality)은 계산하는 기계의 조작원이 된 인간 컴퓨터가
집단적으로 탄생하고, 또 배제된 역사를 다룹니다. 세계 2차
대전 직후 영국 정부는 주요 시스템의 전산화를 추진하면서
컴퓨터 시스템을 조작할 여성 기술인들을 대거 채용했습니다.
초기에는 대수롭지 않게 여겨졌던 컴퓨터 기술이 정부 내

권력 집중화에 중요한 요인으로 부상하자, 여성 기술인들은
그들이 가진 전문성에도 불구하고 주요 보직에서 적극적으로
배제되기 시작합니다.

전산 노동의 성별화와
"기계 천장"의 등장

힉스의 책 속에서 전산화라는 기술의 역사는 곧 여성 노동의
역사로 이해됩니다. 성별화된 기계노동자 집단이 어떻게
탄생했고, 유지되었으며, 몰락했는지가 이 책의 핵심이지요.
제2차 세계대전 시기 블레츨리 파크(Bletchley Park)에서 암호
해독 작전을 수행하는 데 동원된 수많은 여성들은 전쟁
이후 탈숙련화(deskilling)와 전산 노동의 평가절하로 인해
임금 상승과 승진 기회마저 잃게 되었습니다. 이러한 박탈은
별도의 '기계 직급'을 만듦으로써 수월하게 이루어질 수
있었습니다. 1948년 초 여성에 대한 동일 임금을 요구하는
시위가 일어나자, 영국 재무부는 사무 및 사무보조 조직 안에
당시 여성이 주로 맡고 있던 계산, 천공카드, 회계기를 다루는

업무를 광범위하게 포함하는 직급을 새로 만들었습니다.
이 직급에 대한 별도의 임금체계와 승진경로도 함께
설계했는데, 그 결과 여성 기계노동자들은 영국 정부 조직에서
최하위 노동자 계층을 구성하게 되었습니다. 영국 정부는
여러 차례 조직개편을 통해서 집요할 정도로 여성
기계노동자들의 임금을 낮추고 승진 기회를 박탈했습니다.
여성 전산노동자들에게 견고한 "기계 천장"(108쪽)이 지어진
것이지요.

더 주목할 점은 이러한 직급의 신설을 통해서 컴퓨터를 다루는
노동 그 자체를 성별화하는 결과를 낳았다는 것입니다. 이것은
"해당 직군에 여성을 몰아넣고 급여를 줄이는 정도에 그치지
않고, 여성이 몰려 있다는 사실을 통해 직업의 권위와 위신을
깎아내리며, 발전 기회를 앗아"감을 의미합니다(117쪽). 즉,
전산 직종은 여성의 분야로 여겨졌고 직종 전체의 가치가
평가절하되었습니다. 제2차 세계대전을 거치며 여성이 주로
종사하게 된 전산 노동은 고도의 전문성을 요하는 것이 아니라
단순한 노동으로 여겨졌고, 완전 전산화로 가는 단계에서
필요한, 곧 사라질 직종쯤으로 여겨졌습니다.

컴퓨터의 힘이 세질수록,
여성은 더 빠르게 주변으로 밀려났다

동시에 대중매체는 컴퓨터와 여성을 함께 등장시킴으로써
성별화된 기계노동의 이미지를 굳혀나갔습니다.
에니악(ENIAC)과 같이 크기가 거대한 초기 컴퓨터를 찍은
사진에는 복잡하게 얽힌 선들을 옮기며 기기를 작동시키는
여성 조작원들이 함께 등장합니다. 1960년대 초반 신문에
실린 컴퓨터 광고들 역시 얼굴을 정면으로 보이지 않고 기계를
작동시키는 여성들을 함께 싣고 있는데, 이러한 이미지들은
여성 조작원들을 독립된 엔지니어가 아니라 거대한 기계
시스템의 일부로 위치시키고 있음을 잘 드러내고 있어요.

1960년대 후반부터는 여성 조작원의 성적 이미지를 적극
활용한 광고들이 등장하기도 했습니다. 세련된 복장의 여성
조작원이 주인공인 광고는 컴퓨터를 구매한다면 여성 조작원
한 명으로도 수많은 업무를 처리할 수 있다거나, 혹은 "고임금
프로그래머나 관리자가 아닌—타자공이 조작"(183쪽)할
수 있을 정도로 다루기 쉬운 기계임을 내세워 컴퓨터가
비용 절감에 탁월함을 강조했습니다. 이러한 광고들은
교묘하게 여성 조작원들의 능력을 평가절하하고, 전산노동이
단순하다는 점을 내세워 저임금으로 해결할 수 있는

영역이라는 인식을 심어주기에 충분한 것이었죠.

컴퓨터의 힘이 세질수록, 여성은 더 빠르게 주변부로 밀려나기 시작했습니다. 1960년대 중반 이후 정부 시스템 전반을 운영하는 데 컴퓨터 기술의 가치가 높아지자 영국 정부는 "좀 더 신뢰할 수 있는 핵심 전문가 집단"(222쪽)으로 남성 컴퓨터 조작원들을 채용하고자 노력했습니다. 기술이 정부 내 권력 획득에 핵심적인 요인으로 떠오르자, 어느새 전산노동은 남성들에게 매력적인 직종이 된 것입니다.

오랫동안 전산 분야에서 기계를 다룬 여성 기계노동자 직급은 새로이 발전하는 컴퓨터 기술을 다루기에는 역량이 부족한 것으로 평가되었습니다. 여성 관리자가 남성 노동자를 감독할 수 없다는 신념도 강해 몇 년간 전산노동에 종사한 선임급 여성 노동자라 할지라도 관리직으로 진급하지 못했습니다. 한편, 같은 전산노동이라고 해도 남녀가 종사하는 분야가 나뉘기도 했습니다. 일례로 원자력공사(公社)의 경우 행정 전산시설에는 여성 노동자가, 과학 연구용 전산시설에는 남성 노동자가 주로 배치되었습니다. 첨단 기술이 이끌어낼 미래의 중심에 여성 전산노동자의 자리는 없었습니다. 새롭게 채용된 남성 기술인들을 돕는 주변 역할로 밀려난 것입니다.

참 이상하지요. 영국에서 적극적으로 육성된 여성 전산인력은 누구보다 뛰어난 기술을 가졌었고, 그 수가 적지 않았음에도 불구하고 전산화라는 흐름의 주변부로 밀려났다는 것이요. 그것을 지켜보는 당시 여성 전산 기술인들은 어떤 생각을 가졌을까요? 여성의 일에 대한 시대적 이해가 달랐다고 해도, 상당한 무력감을 느끼지 않았을까요? 아영 씨는 여성에게 우호적이지 않은 과학계의 신호들을 온몸으로 받아내며 스스로에 대한 의구심이 점점 커져갔다고 하셨지요. 전산 부문에서는 누구보다 앞선 기술을 가졌던 영국의 여성들도 사회가 보내는 신호들을 내재화하면서 스스로의 능력과 가능성에 대해 의심을 키워나가지 않았을까요?

과학계에는 왜 여성이 필요한가

과학계에는 왜 여성이 필요할까요? 아영 씨가 쏘아올린 질문에 저도 답을 이어가 보려고 합니다. 마 힉스의 책은 한 사회의 과학기술적 역량을 성장시키는 데 여성인력의 활용이 결정적인 영향을 끼칠 수 있음을 시사합니다. 그는 여성 기술 인력에 대한 "제도적 억압과 문화적 규범의 만남이 여성의 출세를 가로막는 것 이상"(96쪽)으로 영국 사회 전반에 큰

영향을 끼쳤다고 지적합니다. 컴퓨터 기술을 선도하던 영국이
정작 컴퓨터 산업에서는 그 경쟁력을 모두 잃게 되었다는
점을 들고 있지요. 사실 저는 힉스의 이런 주장에 완전히
동의하지는 않습니다. 미국 중심의 컴퓨터 산업 성장에는 전후
미국의 과학기술정책과 같은 다양한 요소들이 더 개입했다고
생각하기 때문이에요. 그럼에도 "기계 천장"을 깨는 일이
단순히 몇몇 여성 개인의 성장이나 여성 기술 노동자들의 처우
개선을 넘어서는 일임을 강조했다는 점에서 여전히 중요한
지적이라고 생각합니다.

한국의 여성 과학기술인 지원정책은 힉스의 주장과 같이
과학기술 인적자원의 효율적이고 효과적인 활용을 강조하고
있습니다. 〈여성과학기술인 육성 및 지원에 관한 법률〉은
"여성의 과학기술 역량 강화와 국가의 과학기술 발전에
이바지"하는 것을 가장 상위 목표로 내세우고 있어요.
한국의 여성 과학기술인 정책의 흐름을 연구한 이은경은
그 특징을 "작은 규모의 여성 버전 과학기술인력정책"이라고
한 바 있습니다.3 정책이 수립되는 과정에서 성차별의 문제는
희석되고 인력자원의 양성 및 활용의 언어가 광범위하게
채택되었다는 것이지요. 예를 들면, 과학기술인 대상 보육
시설 확충 정책 논의 과정에서는 가족 내에서 남녀가 동일한
비중으로 보육에 참여해야 한다는 성평등적 관점이 논의되는
대신, 여성에게 부과된 보육을 수행하면서도 연구에 차질이
없도록 하는 방안들이 논의되었습니다. 슈퍼 우먼이 되지

않아도 된다고 말하는 것이 아니라 슈퍼 우먼이 될 수 있도록
정책적으로 지원한 셈이지요.

저는 과학계 내 다양성이 더 나은 지식과 기술로 이어질
수 있다는 아영 씨의 지적에 전적으로 동의합니다. 그런데
인력정책으로 환원된 여성 과학기술인 지원 담론에서는
여성, 더 넓게는 다양한 정체성을 가진 사람들이 과학계에
참여함으로써 얻어지는 창의적 시너지에 대해서는
고려하지 않는 것 같습니다. 오히려 어떤 종류의 여성
과학기술인 대상 프로그램들은 성평등 문제를 심화시킨다고
생각해요. 예를 들면, 경력 단절 여성을 위한 프로그램
중 과학 커뮤니케이터나 실험지도사 양성 프로그램
등이 대표적입니다. 이런 정책들은 경력단절 여성을
과학기술인들을 연구개발 직종으로 다시 불러들이기보다는
주변부로 밀어내는 결과를 낳습니다. 20세기 영국 여성 전산
기술자들이 정당한 승진과 임금 상승의 기회가 박탈되며
밀려났던 것처럼요. 물론 이 직종들은 고유한 가치와 중요성을
갖고 있지만, 그 지위와 보수가 불안하다는 것은 부정할 수
없습니다.

익명의 기술노동자들을 위하여

과학기술의 역사는 대체로 위대한 인물이나 특정한 발견 혹은 기술을 중심으로 서술됩니다. 찰스 다윈(Charles Darwin)과 진화론의 역사가 그러하고, 마리 퀴리(Marie Curie)와 방사선의 역사도 그렇지요. 그런데 이 책에서는 컴퓨터 기술의 발전에 기여한 찰스 배비지(Charles Babbage)나 앨런 튜링(Alan Turing), 혹은 에이다 러브레이스(Ada Lovelace)나 그레이스 호퍼(Grace Hopper) 같은 위대한 과학자나 공학자의 이름을 찾아볼 수 없습니다. 혹은 컴퓨터 기술의 혁신적인 발전에 대한 이야기도 찾아보기 힘들지요.

그 대신 이 책의 주인공은 전산화라는 기술-사회적(socio-technical) 변화를 노동으로 실현한 수많은 익명의 여성 전산노동자들입니다. 통계자료 속 숫자로, 낡은 공문서 속의 기록으로, 사진 속 거대한 컴퓨터를 작동시키는 인물로 그 모습을 단편적으로 엿볼 수 있을 뿐입니다. 더군다나 그들에 대한 기록은 상당 부분 소실되었습니다. 블레츨리의 수많은 여성 전산노동자들에 대한 기록은 군사기밀이라는 이유로 당시 개발된 기계들의 도면과 함께 모두 폐기되었습니다. 전쟁 이후 거대한 전산기계가 된 영국 정부의 곳곳에서 천공 작업과 프로그래밍을 담당했던 여성 노동자들은 이름

없는 하나의 부품으로 남은 것이지요. 그러므로 힉스는 여성 전산노동자들을 오로지 하나의 집단으로서 이해할 수 있다고 강조합니다. 여성 전산노동자들이 대부분 "개인의 이름 없이 집단으로서만 기록되어 있고, 집단으로서만 존재감을 표출"(329쪽)하기 때문이지요.

저는 과학기술계 성차별 문제를 고민하며 이 책을 읽기 시작했지만 곧 기술 노동에 대한 더욱 보편적인 질문을 던지게 되었습니다. 우리가 숨 쉬듯 사용하는(아니 숨을 쉬기 위해서도 사용하는) 기술을 작동시키는 익명의 존재들을 어떻게 이해할 수 있을까요? 정보통신망이나 전력 체계와 같은 기술 인프라는 정상적으로 작동할 때는 그 존재를 인식하지 못하다가, 기술이 실패할 때 그 위력을 드러내는 특성이 있습니다. 특히 정보통신이나 스마트기술 같은 무형의 기술에 대해서는 그것을 구성하는 물질도, 그것을 작동하는 인간도 우리는 곧잘 잊어버리곤 합니다. 도로 밑을 지나는 통신선과 거대한 서버와 저장장치와 그것을 돌보고 관리하는 수많은 기술 인력들이 있음에도 말이지요. 힉스는 영국 정부의 전산화 역사를 통해 노동자 없는 자동화란 허상에 불과함을 명백하게 보여줍니다. 수많은 진공관들이 굉음과 열을 내며 작동하던 기계식 컴퓨터에서 전기기계식, 그리고 전자식 컴퓨터로 변화하는 과정은 "혁명보다는 진화에 가까운"(150쪽) 변화였으며, 이 과정에서 전산 노동에 대한 필요는 줄어들지 않고 오히려 증가했으니까요. 힉스의 책은 날로 원대해져 가는 현대의 자동화의 꿈을 실현하려면, 기술보다 사람에게 더 집중해야 한다고 말하고 있습니다.

1
한국어 번역본 『히든 피겨스-여성이었고, 흑인이었고, 영웅이었다』, 안진희 옮김, 노란상상, 2017년.

2
한국어 번역본은 저자의 이름을 "마리 힉스(Marie Hicks)"로 표기하고 있다. 현재 그는 "마(Mar)"라는 이름을 사용하고 있으므로 이 글에서는 이를 따른다.

3
이은경. "한국 여성과학기술인 지원정책의 성과와 한계." 『젠더와문화』 제5권 2호(2012), 7-55쪽.

사물은, 그저 홀로
사물로 존재한 적이 없죠

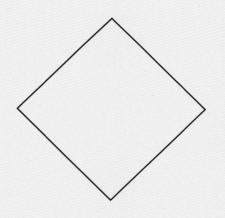

『그것의 존재를 알아차리는 순간 –
일상을 만든 테크놀로지』
최형섭 지음.
이음 (2021)

우
아
영

◇

참 재미있네요. 저는 여자 화장실이 한 층 걸러 하나씩 있는
건물에서 공부했거든요.

지난 편지에서 "무형의 기술에 대해서는 그것을 구성하는
물질도, 그것을 작동하는 인간도 곧잘 잊어버리곤 한다"라는
대목을 읽자마자 곧바로 떠오르는 글이 한편 있었어요.
2015~2016년 주간경향에 연재된 〈한국 테크노 컬처 연대기〉
중 스물세 번째 글인 "인터넷은 거대한 전선의 집합이다"인데,
내용은 이렇습니다. 보통 '클라우드'로 비유되는 인터넷이란
마치 정보가 구름처럼 하늘 위에 둥실둥실 떠 있고 우리는
그것을 자유자재로 내려받을 수 있는 것 같지만, 사실은 바다
밑에 깔린 거대한 해저 케이블을 통해 국내의 컴퓨터가 해외의
컴퓨터와 연결돼 있다고요. 요컨대 "인터넷이라는 현상의
배후에는 거대한 물질성(materiality)이 있다"는 것이죠.

2016년에 이 글을 읽고 깜짝 놀랐어요. 초등학생 시절
인터넷이 연결된 486 컴퓨터를 접해본 세대인 저 역시
인터넷을 마치 공기 같은 존재로 여기고 있었거든요. 국내로
들어오는 해저 케이블이 단 10개이며, 그중 하나인 거제에서
연결되는 '뉴 크로스 퍼시픽(NCP)' 케이블 시스템은 총연장이
무려 1만 3,618km에 달한다는 점이 제 눈을 사로 잡았습니다.
인터넷이 거대한 전선의 집합이라는 사실을 그때까지 한 번도
되새겨본 적이 없었다는 걸 깨달았죠.

사물은, 그저 홀로
사물로 존재한 적이 없죠

그래서 윗글을 쓴 최형섭 서울과학기술대학교 교수가 그로부터 5년 뒤 『그것의 존재를 알아차리는 순간』이라는 책을 냈을 때, 저는 단박에 제목의 의미를 유추해볼 수 있었습니다. 우리 주변에 공기처럼 존재하는 사물과 기술의 배후에 어떤 존재와 맥락이 숨겨져 있을지 궁금해졌죠.

과학기술사를 다루는 이 책은 연실 씨가 앞서 소개한 『계획된 불평등』과 비슷하게 여러 테크놀로지가 지금의 지위를 갖게 되기까지의 역사를 되짚어 봅니다. 다만 마 힉스가 전산화의 역사를 곧 여성 노동의 역사로 기술했다면, 이 책은 옴니버스 시리즈처럼 다양한 기술을 다루고, 각 기술을 둘러싼 정치적 욕망과 사회적 환경 변화 등 보다 광범위한 맥락을 짚는다는 차이점이 있습니다. 그리고 그러한 발전이 다시 '나'와 사회와 지구에 미친 영향을 살핍니다. 즉, 기술과 '우리'의 관계를 다루죠.

또, 대부분의 이야기가 1970년대 중반 서울의 중산층에서 태어나 자란 저자가 특정 테크놀로지를 만난 개인적 경험으로부터 출발해, 우리가 매일 마주하는 보편적인 풍경으로 확장됩니다. 그래서인지 저자의 시선이 "그게 테크놀로지였어?"라는 생각이 들 만큼 소소한 일상의 사물들과, 평소에는 접할 길이 없는 인프라 기술들을 향해 있다는 게 특징이죠.

주류 테크놀로지를 중심으로 한
'대문자 역사'를 벗어나

가장 기억에 남는 사물 한 가지를 소개해볼게요. 바로
우유입니다. 저자가 그랬던 것처럼 저도 학교에서 우유
'당번'을 했던 일, 마시기 싫은 흰 우유를 꾸역꾸역 마시던
일이 기억납니다. 멸균 상태에서 진공포장된 네모난 우유 팩도
기억하고 있어요.

기본적으로 동아시아 지역 성인의 80%는 '락타아제'라는 유당
분해효소를 체내에서 생성하는 능력을 잃어버린 유당불내증
때문에 우유를 마시기에 적합하지 않죠. 그런데 1920년
전후 일본에서 우유를 비롯한 서구식 식생활을 받아들이면
수명이 늘어나고 국민의 체위 향상에도 도움이 될 것이란
주장이 나왔습니다. 한국에서도 1960년대 박정희 대통령이
가난한 농촌 지역에 새로운 소득원을 창출하는 방안의 하나로
낙농업을 적극적으로 권장했고요. 처음엔 우유가 남아돌아
이를 소비하기 위해 1970년대 초부터 국민학교와 군부대에
우유 급식을 시작했어요. 이유는 일본에서처럼 "국민 체위를
향상"시킨다는 것이었죠.

우유는 젖소의 체액이라는 자연의 산물에서 출발하지만,

사물은, 그저 홀로
사물로 존재한 적이 없죠

우리가 소비하는 '우유'라는 제품은 수많은 기계 장치와 인간의 노동을 거칩니다. 즉, 우유 역시 테크놀로지의 산물인 거죠. 한국 맞춤 젖소 품종 개량, 전국 유통 인프라 구축, 상하기 쉬운 우유를 위한 멸균 진공 포장 기술 등 여러 테크놀로지 간 협업의 결과로 한국인의 식생활에 우유가 빠르게 파고들었습니다. 그리고 이렇게 다양한 과정의 협업이 가능했던 이유는 우유에 "서구식 근대 국가 건설이라는 동아시아 정치 권력의 꿈"이 투사되었기에 가능했던 일입니다. 우유에 깃든 정치적 욕망이라니, 정말 우유를 다른 눈으로 보게 되지 않나요?

사물이 오로지 사물로
존재한 적은 단 한 순간도 없다

〈응답하라 1988〉의 과학기술사 버전 같은 이 책을 읽으면서 제가 느낀 감정은 한마디로 "오, 너무 재미있다!"였습니다. 신기한 일이었어요. 하미나 작가가 책 뒤표지의 추천사에서도 밝혔듯, 어떤 사물에 대해 생각한다는 건 전통적으로 여성의

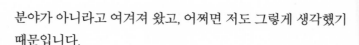

분야가 아니라고 여겨져 왔고, 어쩌면 저도 그렇게 생각했기 때문입니다.

저처럼 과학기술학 분야에서 탈락한 수많은 여성들의 사연은 제각각 천차만별이지만, 공통점이 있죠. "이곳이 내 자리가 아니다"라고 생각했다는 것. 대학원 연구실 생활을 할 때 저를 가장 괴롭힌 것도 그 같은 감각이었습니다. 당시 수소 연료전지 속 물 분자의 이동을 연구했는데, 매일 아침 수소와 산소통의 밸브를 말 그대로 온몸의 힘을 다 써서 끙끙대며 열고, 눈으로는 확인할 길이 없는 전기화학적 반응을 컴퓨터 모니터를 통해 간접적으로 관찰하면서, 도대체 이게 내 삶과 무슨 상관이 있겠냐고, 저 거대한 기계 속에서 물이 어떻게 움직이는지 도무지 궁금하지 않다고 여러 차례 생각했습니다. 이보다 내게 더 가치 있는 일이 있을 거라고, 내 자리는 이곳이 아니라고 여겼어요.

사실, 사물이 대상화되고 타자화된 사물 그 자체로만 존재한 적은 단 한 순간도 없습니다. 각각의 사물에는 다른 사물, 또는 그를 둘러싼 사람과 사회와 상호작용하는 맥락이 늘 흐르고 있죠. 사람이 개발한 우유 테크놀로지의 변화를 통해 사람과 사회와 심지어 지구가 다양한 영향을 주고받습니다. 우유는, 그저 홀로 우유로 존재한 적이 없는 셈이죠.

책의 저자와 제가 공유하는 한국 사회의 흐름 속에서

각 사물이 자리 잡은 맥락을 짚어 나가다 보면 과학기술이
사물을 탐구하는 학문이라는 말을 도저히 믿을 수 없을 지경에
이르고야 맙니다. 과학기술에 때로 '객관적'이라는 단어가
들러붙기도 하는데, 어림도 없죠. 전산 노동이 과거 여성의
일이었고, 어떤 시절엔 수학이 숙녀의 교양으로 여겨졌다는 걸
보면1 과학기술의 속성은 시대와 사회가 결정하는 듯합니다.
이 책을 읽으면서 대학원에 다니던 시절 거대한 기계 장치
앞에서 느꼈던 막막함을 자주 떠올렸어요.

테크놀로지에 대한 이해를 넘어

저자의 말처럼 "모든 사람은 자기만의 방식으로
테크놀로지와 관계를 맺고 그를 통해 세상과 연결"됩니다.
미세먼지가 심각했을 때 착용한 마스크가 "각자도생의
테크놀로지"였다면, 코로나19 팬데믹 상황에서 착용하는
마스크에는 공동체를 보호하려는 마음도 녹아 있죠. 이 대목을
읽으면서 마스크 테크놀로지는 변함없이 그대로여도 그걸
대하는 우리의 마음가짐과 시선이 달라질 수 있다는 사실을

◇

새로이 깨닫습니다. 에어컨과 전력망, 수돗물, 아파트, 마천루, 터널, 지하철 등 도시를 구성하는 거대한 테크놀로지를 읽으면서 우리가 늘 아무런 불안감 없이 발 딛는 도시 인프라를 유지하기 위해 얼마나 많은 사회구성원들이 일상의 노동을 투입하는지 사려 깊게 보고 싶은 마음이 듭니다. 성수대교와 후쿠시마 원전 사고와 세월호 침몰을 읽으면서 위험을 합의하는 사회에 대한 멀고도 아득한 감정을 느끼기도 합니다. 어린 자녀들을 위해 어딜 가든 공기청정기를 차에 싣고 떠나는 지인의 이야기가 떠오르기도 하죠.

저자는 "그 이야기들이 풍성해질 때 테크놀로지를 매개로 선택하고 결정할 공통의 사회와 미래에 대한 논의도 풍성해질 것"이라고 말합니다. 앞서 읽은 『계획된 불평등』이 전산화의 역사를 통해 기술 뒤에 숨은 익명의 노동자라는 존재를 일깨워줬다면, 이를 바탕으로 더 나은 기술노동의 토대를 만드는 논의를 시작할 수 있겠죠. 한국도 예외는 아닙니다. 척박한 환경에서 스러져간 수많은 기술 노동자들이 떠오릅니다.

이 책은 또 다른 흥미로운 질문도 던집니다. 지난번 편지에서 "힉스의 책은 날로 원대해져 가는 현대의 자동화의 꿈을 실현시키려면, 기술보다 사람에게 더 집중해야 한다고 말하고 있다"고 하셨죠. 저도 그 주장에 동의합니다만, 이 책의 저자라면 혹시나 이렇게 반문할지도 모르겠어요. "자동화

그거 왜 해야 해?"(물론 아닐 수도 있습니다, 하하.) 제가
이렇게 추측한 이유는 실제로 최형섭 교수가 책 속에서
이렇게 되물었기 때문이에요. "기존의 테크놀로지를 대안적
테크놀로지로 대체하려는 이유가 무엇인지 깊은 성찰이
전제되어야 한다"고.

> "아무리 '친환경'적인 자동차가 개발된다고 해도, 문제의
> 원인이 된 현대적 삶의 방식 자체가 바뀌지 않는데 얼마나
> 효과가 지속될 것인가. 즉 전기자동차와 교통의 전환을
> 이야기하기 전에 우리는 더 집요하게 물어야 한다. 현대인은
> 도대체 왜 이렇게 많이, 멀리, 게다가 굳이 혼자서 이동하고
> 싶어하는지에 대해서 말이다."(233쪽)

흥미로운 주장이지만, 저는 다시 반문하게 됩니다. '직장이
있는 서울에 집을 구하기란 이제 불가능한 일이 되어버렸고,
아기를 키우는 워킹맘 입장에서 과연 자동차 없이 살 수
있는가'라고 말이죠. 과연 그렇다 한들, 제겐 이 거대한 흐름을
뒤바꿀 힘이 없는걸요.

저자는 "테크놀로지를 이해하는 것을 넘어 앞날을 함께
결정하는 혜안을 기르는 것"이 바람이라고 썼습니다. 어쩌면
마 힉스의 기대도 이런 것이었을 테죠. 과학기술정책에
여론이라는 이름으로 목소리 한 줄 보태는 수밖에 없는
걸까요? 실천이라는 영역에서 그 혜안을 어떻게 활용할 수

있을까요?

1
『숙녀들의 수첩 : 수학이 여자의 것이었을 때』
이다솔 지음, 갈로아 그림. 들녘(2019)

'우리'의 폭이 넓어지면
'우리'의 결정도
달라질 것입니다

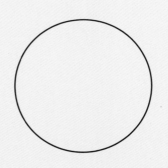

『사이보그가 되다』
김초엽·김원영 지음.
사계절 (2021)

강
연
실

저도 우유급식과는 영 좋지 않은 기억만이 가득합니다.
맛도 없고, 먹고 난 뒤 배가 살살 아프기도 하고요. 다 먹은
우유팩을 씻고 접어서 처리하는 일도 참 번거로웠습니다.
그래서 저는 학교에서 먹지 않고 집으로 가지고 가곤 했는데,
가방에서 터져버리기라도 하면 정말 난감했지요. 1990년대에
초등학교를 다닌 아영 씨와 저에게 우유라는 기술은
1960년대의 누군가에게 그랬듯 귀한 음식, 발전된 낙농기술과
유통기술의 산물은 결코 아니었을 것입니다. 매일 학교에서
나눠주는, 어린이에게는 조금 귀찮은 사물이었겠지요(물론
우유를 아주 좋아하는 친구들도 많았습니다).

"사물은 대상화된 그 자체로만 존재한 적은 단연코 단
한 순간도 없었다"는 아영 씨의 단호한 말이 머릿속을
맴돌았습니다. 기술이 가치 중립적이라는 생각은 여러
반례에도 불구하고 여전히 공고한 것 같습니다. 기술이
가져다줄 손익을 객관적으로 평가할 수 있고, 손익이 모두에게
공평하게 돌아갈 것이라는 생각도요. 앞으로 아영 씨와 제가
나눌 대화 속에서 이 주제는 자주 등장할 테지요. 기술을
'나', 그리고 '우리'와의 관계 속에서 이해하는 일은 기술이
천편일률적으로 작동하지 않음을 하나하나 짚어보는 일이
아닐까요? 관계망 속에서 기술을 이해하는 경험이 쌓이고
중첩되면, 기술에 대해서, 또 '우리'에 대해서 훨씬 더 많은
것들을 알게 될 것입니다.

이번에 저는 김초엽, 이원영의 『사이보그가 되다』를
이야기하려고 합니다. 두 저자는 장애를 가진 몸의 당사자로서
매우 적극적으로 내가 장애보조기술과 맺는 관계 속에서
기술의 속성을 이해하고 있습니다. 각각 보청기와 휠체어를
사용하는 저자들은 장애를 가진 몸과 장애를 보완하는 기술이
상호작용하는 방식, 그것이 장애인의 사회적 정체성에 끼치는
영향, 그리고 이 결합(혹은 비결합)을 바라보는 사회의
관점에 대해 끊임없이 질문을 던집니다. 장애학과 과학기술학
연구들을 폭넓게 검토하고, 여기에 각자의 경험과 고민들을
더해 몸과 기술, 그리고 사회의 연결 속에서 장애와 기술을
검토하고 있어요. 이를 통해 사이보그 되기의 구체적인
모습들을 드러냅니다. 장애를 보조하기 위한 기술조차도 결코
매끈하게(seamlessly) 나와 연결되지 않는다는 것을요.

인간이란 결국 물질 덩어리

인간이란 무엇일까요? 인간을 동식물과 구분하자면,
사고능력이나 사회성 등을 먼저 떠올릴 것입니다. 그런데

최근 저는 이러한 생각들에 근본적으로 의문을 갖게
되었어요. 가까운 이들이 잇달아 큰 병과 싸우게 되면서,
인간이란 결국 몸이라는 물질에 강하게 묶인 존재임을 자주
느끼고 있기 때문입니다. 건강한 사람에게 몸은 너무나도
자연스러워 알아차리기 어렵습니다. 그러나 통증을 느끼는
몸, 호르몬과 약물로 변화하는 몸, 어떤 이유에서든 손상과
회복을 반복하는 몸에서는 시시각각 뼈와 근육, 혈액과 신경,
뇌와 장기들, 그리고 그 사이를 연결하는 여러 화학물질의
존재가 생생하게 감각됩니다. 아픈 몸은 특히 다양한 외부의
개입을 요구하지요. 세균이나 바이러스처럼 병의 원인을 직접
타겟하기도 하지만, 많은 경우 쇠약해진 신체를 보완하거나,
수술로 없어진 장기를 대체하기 위해 약물을 투여하고,
심장박동기와 같은 기계 장치들을 몸과 연결시키기도
합니다. 몸의 물질성은 이처럼 기술과 결합될 때 다시 한번
생생해집니다.

물질로서 몸은 사회적 몸과도 매우 밀접하게 연결되어
있습니다. 단적으로 약물과 기계로 조절된 몸은 인간의 사회적
역할과 관계 맺기의 양상을 바꿔 놓습니다. 통증을 조절하는
약물은 환자가 일상생활을 유지하고 사회적 활동을 이어나갈
수 있도록 하는 데 필수적입니다. 의수나 의족을 착용하는
사람이나 인슐린 패치를 붙이는 1형 당뇨 어린이 환자의 경우
몸과 기술의 물질적 결합이 외형적으로 잘 드러나기 때문에
자아 형성과 사회적 관계 맺기에 영향을 받기도 합니다. 성

61

정체성에 혼란을 갖는 이들에게 호르몬 치료는 정체성과 몸을 하나로 묶어주고 다른 성을 가진 사회적 존재로 살아갈 수 있도록 도와줍니다. 이렇게 보면 사회적 존재로서 인간은 다시 몸이 갖는 물질적 조건에 강하게 구속된 것이지요.

정체성으로서 장애를 말하다

장애는 인간의 물질적인 측면과 사회적인 측면 모두를 아우르는 개념입니다. 미국 질병관리청의 웹사이트에서는 장애를 "사람이 특정한 활동을 하는 것을 어렵게 하거나 주변 환경과 상호작용하는 것을 어렵게 하는 몸 혹은 마음의 상태"라고 정의하고 있습니다.[1] 이 문장은 손상(impairment), 활동 제약(activity limitation), 참여 제한(participation restriction) 이라는 세 용어로 다시 축약됩니다. 이에 따르면 장애의 핵심적 요소는 신체 기능의 문제로 인해 경험되는 사회적 제약일 것입니다. 한편, 세계보건기구는 장애를 개인의 몸과 마음뿐 아니라 그를 둘러싼 물리적, 사회적 상호작용을 통해 결과로서 경험되는 것으로 정의하고 있습니다. 대중교통에

대한 접근성이 매우 낮거나 신체적 제약을 가진 이들에 대한
사회적 지지 기반이 취약하다면, 그 속에서 장애는 더욱
심각하게 경험됩니다. 두 기관이 내리는 장애에 대한 정의는
모두 신체적인 것뿐 아니라 사회적 상호작용 결핍 상태 역시
장애로 본다는 점에서 궤를 함께한다고 볼 수 있습니다.

그러나 저자들에게 장애를 설명하는 데 결핍의 언어는
충분치 않습니다. 김원영은 질병과 장애의 차이는 개인의
정체성이 그 몸과 얼마나 결부되어 있는가에서 온다고
이야기합니다. 그는 일시적으로 부상을 당한 사람의 신체는
일시적인 변화이며, 질병으로 입원을 한 사람이 갖게 되는
여러 마음은 인생에 대한 성찰인데 반해, 장애를 가진 사람은
몸의 정상성과 비정상성, 자아의 소속과 소외에 대한 의문을
계속 갖게 된다는 것이지요. 예를 들면, 몸과 휠체어나 의수
같은 보조기술이 결합하고 또 부딪힐 때 스스로 온전한 인간인
지 한층 더욱 깊은 고민에 빠지게 됩니다. 또, 장애 당사자가
그들의 몸에 씌워지는 여러 규범들을 마주할 때 남들과
동등한 인간인지 다시 질문하게 됩니다. 그러므로 "장애는
단지 기능의 결여가 아니라 그 몸(정신)이 표준과 다르다는
이유만으로 비정상이라는 부당한 낙인을 받은 사회적
신분(지위)에 가깝다"는 것입니다(231-232쪽).

63

시선들

사이보그로 사는 장애 당사자들의 기술 경험을 구체적으로
찬찬히 들여다볼 필요는 여기에서 찾을 수 있습니다. 장애를
신체적 손상, 혹은 결핍으로 인한 것으로만 이해한다면,
우리는 신체를 보완하고, 대체하고, 나아가 증강시킬 기술을
만들어 내는 데 집중할 것입니다. 엑소스켈레톤과 같은
기술들은 정상적인 이동 방식이라 여겨지는 보행을 가능하게
하려는 대표적인 기술적 시도입니다. '의족 스프린터'로
알려진 육상선수 오스카 피스토리우스(Oscar Pistorius)의
고탄성 소재 의족은 장애를 보조하는 것을 넘어 신체를
증강시키는 기술로 올림픽위원회의 제재를 받기도 했었죠.

그러나 장애를 정체성과 사회적 지위의 측면에서 바라보면
더 복잡한 양상으로 관계를 맺는 몸과 기술을 발견할 수
있습니다. 김초엽과 김원영은 정상적이거나 더 향상된 신체
기능을 추구하는 주류 기술 담론들이 "얼마간 어떤 존재들을
더 소외시키거나 그저 소비한다"고 지적합니다(12쪽).
장애인을 시혜의 대상으로 한정 짓는 '따뜻한 기술'의 관점이
대표적이지요. 농인에게 목소리를 만들어 주는 인공지능
기술은 장애인을 위한 기술로 설명되며, 이는 보는 이들로
하여금 감동을 자아냈습니다. 그러나 말을 하는 것, 즉

비장애인의 의사소통 방식에 정상성을 부여한다는 점에서 수어 지원이나 문자 통역과 같은 농인들에게 더 효과적인 기술들을 배제하고 있습니다.

저자들은 최첨단 보조 기술에 대한 페티시즘적 시선 역시 문제적이라고 지적합니다. 첨단 기술이 탑재된 인공 보철물(의족이나 의수)에 대한 선망을 일컫는 '인공 보철적 부러움(prosthetic-envy)'은 이러한 시선을 가장 단적으로 드러내는 것이지요. 이것은 장애인이 기술과 맺는 복잡다단한 관계와 감정들을 배제하고, 인공 보철물이라는 기술이 가진 미래적 이미지만을 소비한 결과라고 볼 수 있습니다.

장애에 대한 사회적 낙인 역시 몸과 보조기술의 관계 맺는 방식에 영향을 줍니다. 비장애중심주의, 장애차별주의, 능력차별주의로 번역되는 에이블리즘(ablism)은 건강하고 독립적인 몸에 더 높은 가치를 부여하고, 장애와 질병을 비롯한 여러 이유로 의존하는 몸을 혐오하는 것을 말합니다. 혐오라는 단어가 매우 강하게 느껴지지만, 에이블리즘은 주변에서 쉽게 찾아볼 수 있습니다. 단적인 예로 신체장애가 있는 사람의 경력과 업적에 대해서 지나치게 높게 평가하는 것을 들 수 있습니다. 매체에서 종종 볼 수 있는 영웅 서사들을 떠올려 볼 수 있습니다. 긍정적으로 평가하는데 왜 차별주의일까요? 여기에는 장애가 있다면 사회인으로써 아무런 잠재력을 기대할 수 없다는 전제가 깔려 있기

65

'우리'의 폭이 넓어지면
'우리'의 결정도
달라질 것입니다

때문이지요. 따라서 에이블리즘이 강력한 사회에서 장애
당사자는 장애를 드러내 보이는 기술의 사용을 주저하게
됩니다. 보조 기술은 남들 눈에 더 띄지 않고, 장애를 더 잘
숨길 수 있는 방향으로 발전하게 될 것입니다.

삐걱이는 사이보그와
매끈한 사이보그,
그 사이 어딘가에서

이러한 시선들을 거두어내고 나면 기계와 연결되는 몸의
솔직한 이야기들을 들을 수 있습니다. 이 책의 두 저자는 모두
장애 보조 기술이 자아, 혹은 신체를 이해하는 데 중요한
부분을 차지한다고 이야기합니다. 김초엽은 인공 와우를
사용하는 지인과 보청기를 사용하는 자신이 배터리 때문에
대화가 중단되었던 경험을 통해 "우리에게는 기계와 신체가
완전히 분리된 개념이 아니었다"고 이야기합니다(23쪽).
김원영에게 몸에 대한 물음은 기계에 대한 물음과 떼어놓을 수
없었습니다.

"휠체어는 결핍을 보조하는 수단에 불과한가,
새롭게 내 몸을 구성한 나의 일부인가."(52쪽)

그러나 두 저자는 보조 기술에 대해 매우 상반된 감정을
가지고 있습니다. 김초엽은 보청기를 "착용하면 바로
빼고 싶은 이물질에 가깝다"고 이야기했지만, 김원영은
이 대화에서 휠체어가 없으면 "발가벗은 기분"이 든다고
표현합니다(335-366쪽). 김원영은 또 그의 몸과 잘 맞는 활동형
휠체어를 사용하게 된 경험에 대해 "나는 휠체어가 되었다(en-
wheeled)"고 표현하고 있습니다(57쪽). 보조 기술에 대해
김초엽은 이물감을, 김원영은 신체의 확장을 이야기하지만,
기술이 두 사람의 정체성을 구성하는 한 부분임은 분명해
보입니다.

이렇게 상반된 경험들은 무엇을 의미할까요? 두 저자는 책
말미에 실린 대담에서 이 책을 쓰는 과정에서 질병과 장애의
경험을 말하기에 각자의 경험이 충분히 보편적이지 않다는
점을 걱정했다고 털어놓습니다. 서로 너무나 다른 몸-기술-
정체성 경험을 나누는 두 사람의 대화 속에서 독자인 저는
장애를 이야기할 때 보편성이 아닌 다양성을 고려해야
한다는 점을 새로이 발견할 수 있었어요. 사회의 다양성을
이야기하며 우리는 왜 장애의 다양성은 고려하지 않았을까요?
장애인의 권익 신장을 위한 정치적인 필요에 의해 목소리와
요구사항들을 하나로 모으려는 노력을 할 수는 있겠습니다.

'우리'의 폭이 넓어지면
'우리'의 결정도
달라질 것입니다

그러나 그런 명목하에 다양한 장애 경험을 펼쳐 보이기보다는
하나의 바구니에 구겨 담으려고 했던 것은 아닐까요?

> "기술은 해방일까, 혹은 억압일까.
> 사이보그는 현실일까, 아니면 비유일까."(39쪽)

김초엽이 던진 질문에는 오로지 여러 사이보그적 존재들의
이야기를 모으고 또 펼쳐 봄으로써 대답할 수 있을 것입니다.
기술로 해방되었던 사람과 억압되었던 사람의 이야기들,
삐걱이고 고민하는 현실의 사이보그와 욕망과 희망이 덧대진
상상의 사이보그 사이 켜켜이 존재하는 이야기들 말입니다.
그리고 저 모든 질문에 결국 '그렇다'라고 대답할 수 있을
것입니다. 기술은 어느 한 모습이 아닌, 여러 모습으로
존재하니까요.

청테이프형 사이보그를 위하여

아영 씨, 저는 이 책이 결국은 최형섭 교수의 『그것의
존재를 알아차리는 순간』과 공명하는 이야기를 하고 있다고

생각합니다. 여러 사람들이 기술과 맺고 있는 각양각색의 관계들이 더 풍성하게 논의될 때, 우리 사회는 기술과 미래에 대한 이야기 또한 더 의미 있게 나눌 수 있게 된다는 주장이요. 『사이보그가 되다』는 기술과 관계 맺는 '우리'의 외연도 함께 넓혀보자는 제안을 하고 있습니다. 우리의 폭이 넓어진다면, 우리가 함께 내리는 기술과 사회, 그리고 미래에 대한 결정 또한 다른 모습일 것입니다.

그렇다면 사이보그는 그저 우리를 구성하는 수많은 존재 중 하나로 받아들여져야 합니다. 김초엽과 김원영은 예외적인 존재로서 사이보그를 부정합니다. 김초엽은 "사이보그 중립"을 제안합니다. 영웅적 존재도, 소외된 존재도, 대단히 인간적이거나 대단히 기계적이지도 않은, 그저 인간됨의 한 특징으로 사이보그적 특성이 이해되어야 한다는 것입니다. 각양각색의 사이보그들이 혐오의 대상이 되거나 유난스럽게 받아들여지지 않고, 그저 어깨와 어깨를 맞대고 살아가는, 그런 존재로 받아들여져야 한다는 것이지요. 저는 작은 손들이 달려 있고 바지런히 몸과 몸, 몸과 사물 사이를 움직이는 작고 귀여운 기술들을 떠올립니다. 이 기술들은 사람들보다 더 빛나지 않고, 더 앞서지 않으며, 더 화려한 조명을 받지도 않습니다. 대신 사이보그의 몸과 자아의 일부로 조용하지만 충실하게 역할하고 있습니다.

김원영은 다양한 존재들과 연결된 존재, 그리고 그 연결들을 만들어 내고 지탱해 내는 "청테이프형 사이보그"를 제안하고 있습니다. 걸림돌 없이 작동되는 듯한 사회 곳곳에서 덜컹거림과 삐걱거림을 포착하고 부지런히 그것을 잇대고 덧대는, 그런 역할을 할 수 있는 존재로서 사이보그를 바라보자는 제안입니다.

출근길 지하철에서 이동권 투쟁을 벌인 장애인들 역시 청테이프형 사이보그가 아닐까요? 일부 정치지도자들의 투쟁에 대한 비판적인 발언은 우리 사회구성원의 상당수가 정상인의 정상적인 출근을 방해하는 장애인을 '우리'라는 범주에서 배척하고 있음을 단적으로 드러냅니다. 장애가 신체적인 제약뿐 아니라 사회적 조건에서 경험되는 것이라면 이러한 차별적 발언이 아무렇지 않게 내뱉어지는 사회에서 장애의 정도는 더욱 심각해진다고 할 수 있습니다.

이동권 투쟁에 나선 장애인들은 장애인과 대중교통이라는 거대한 기술과 제도 체계가 제대로 연결되어 있지 않다고 주장합니다. 장애인들은 휠체어와 지하철, 흰지팡이와 횡단보도 사이에 놓은 틈들을 메워야 한다고, 엘리베이터나 저상버스와 같은 기술을 도입하고 장애인을 대중교통 이용에서 배제하지 말아야 한다고 요구합니다. 기술적 측면뿐 아니라 제도적 보완 역시 필요하겠지요. 이 틈들이 메워지면, 장애인뿐 아니라 어린이와 노약자, 임산부와 응급상황에 놓인 사람들까지 조금 더 매끄러운 대중교통 체계를 경험할 수 있을 것입니다. 지난 글에서 아영 씨는 기술과 엮어 살아갈 앞날을 함께 고민하는 데 우리가 어떤 실천을 할 수 있을지 고민하셨죠. 서로 다른 우리들의 목소리가 더 크게 울릴 수 있게 지지를 보태는 데에서 우리의 실천을 시작할 수 있지 않을까요?

1
https://www.cdc.gov/ncbddd/disabilityandhealth/disability.html

'우리'의 폭이 넓어지면
'우리'의 결정도
달라질 것입니다

로봇을 학대하는
사람들과 함께
살아갈 수 있을까요?

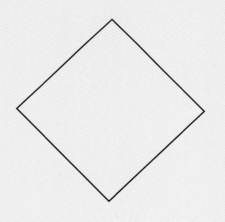

『포스트휴먼이 몰려온다 –
 AI 시대, 다시 인간의 길을 여는 키워드 8』
 신상규, 이상욱, 이영의, 김애령, 구본권, 김재희, 하대청, 송은주 지음.
 아카넷 (2020)

우
아
영

부끄러운 경험이 있어요. 연실 씨가 언급한 '장애인을 위한' 첨단 테크놀로지를 속속 훑어 기사로 다룬 적이 있는데요. 글도 디자인도 잘 나와서 내심 뿌듯했던 기억이 나요. 하지만 그로부터 얼마 지나지 않아 정상과 비정상의 경계를 묻는 다큐멘터리를 보게 되었고, 제가 쓴 그 기사도 결국 장애인을 시혜의 대상으로 한정 짓는 기존의 편협한 시각을 답습한 것뿐이라는 걸 깨달았죠.

하지만 '사이보그 중립'이라는 게 정말 가능할까요? 그건 어쩌면 아주 높은 이상일 뿐인지도 몰라요. 솔직히 고백하자면, 장애인을 맞닥뜨리는 순간에 혼자서 굉장히 어색해져요. 휠체어가 낯설거든요. 요샛말로 '뚝딱거린다'고 하죠. 그를 대하는 제 몸짓이 어딘가 어색한 느낌이 들고, 사고회로도 정지되는 것 같고요. 휠체어를 밀며 지나가는 그가 무척 신경이 쓰이지만 절대 쳐다보면 안 될 것 같고, 그러자면 눈길이 가려는 걸 힘껏 붙잡고 있어야 하거든요. 한편 휠체어를 굴리는 손이 아프지는 않을지 궁금하고, 동시에 이런 생각을 하는 것조차 그에게 너무 무례한 일로 느껴집니다. 또 한편으론 고백건대, 장애인인 가족을 저는 평생 존경하고 안쓰러워하며 살아왔어요. 비(非)당사자란 이런 것일 테죠. 그 교차하는 감정들을, 멀고 먼 간극을 어떻게 메워야 할지 잘 모릅니다.

친구가 된 챗봇

어쩌면 연실 씨가 내내 이야기한 것처럼 여러 사람들이 기술과
맺는 각양각색의 관계들이 더 풍성하게 논의될 때, 중립이라는
이상에 계속해서 가까이 다가가는 상태가 될 수 있을 겁니다.
지난번 편지에서 연실 씨는 다양한 장애인이 기술과 맺는
관계, 그리고 기술과 관계 맺은 장애인과 비장애인 사이의
관계에 대해 말씀하셨죠. 이번에는 다양한 사람들이
인공지능(AI)과 맺는 관계, 그리고 AI와 관계 맺은 사람들
사이의 관계에 대해 말해보려고 합니다.

'이루다'라는 챗봇을 기억하실 거예요. 선풍적인 인기를
끌었죠. 진짜 사람과 이야기하는 것 같다고요. 하지만 머잖아
이용자들이 20대 여대생 모습을 한 이루다를 성희롱하고,
그 경험을 인터넷 커뮤니티에서 공유했다는 소식이
보도됐습니다.

사람들은 다양한 반응을 쏟아냈어요. 수치심과 모욕감을 느낀
이들은 SNS에서 이루다 개발자들의 면면을 '조리돌림'하기
시작했죠. 개발자 대부분이 젊은 남성들인 탓에, 성적 대상화
되기 쉬운 모습의 챗봇을 개발했다는 거였죠. 아주 단순하게
이야기하자면, 개발 과정에서 상업적 계산이 들어갔고 지금의

사태는 예견된 일이었다는 얘기였습니다. 더욱이 실제 커플들의 대화를 학습 데이터로 삼았다는 점에서, 순종적이며 이용자의 기분을 맞춰주는 이루다의 대화 패턴이 현실의 성 고정관념과 성차별을 그대로 반영한다는 지적이 나왔어요. 또, 개발 과정에서 개인정보를 무단 수집하는 등 개발 윤리를 지키지 않았다는 사실과, 이루다가 동성애 혐오, 인종차별 발언을 한 것까지 드러나 논란이 커지면서, 이루다 개발사는 출시 20여 일 만에 서비스를 종료해야 했습니다. "개발자 다양성을 확보해야 한다", "개발자의 성인지 감수성을 길러야 한다", "학습 데이터를 신중히 선별해야 한다", "도덕적인 AI를 개발해야 한다", "이용자의 성희롱과 욕설을 차단하는 기술을 도입해야 한다" 등 다양한 해법도 따라 나왔죠.

잘 알려져 있듯, 지금껏 AI 챗봇은 성공을 거둔 적이 없어요. 마이크로소프트 사의 '테이'는 인종차별 막말로 서비스 16시간 만에 막을 내렸고, 페이스북의 가상비서 'M'과 '심심이'는 성능 문제 때문인지 큰 반향을 거두지 못했죠. MS 중국팀이 만든 '샤오빙'은 8세대까지 개발되며 가장 오랜 기간 사랑받고 있지만, 그 배경에는 중국의 철저한 검열이 있었습니다. 작은 말실수로 플랫폼에서 쫓겨났다 돌아오기를 반복했거든요. 이런 역사 속에서 앞서 이야기한 모든 논란과 지적이 선행됐고, 분명 이루다 개발사는 비슷한 우를 범했습니다.

AI 챗봇은 도덕적으로
배려해야 하는 존재인가

다양한 분석과 대안을 살피면서 고개를 끄덕거렸지만, 계속
찜찜한 기분이 들었어요. 뭔가 놓친 것 같았거든요.

'기계에 대고 한 성희롱에 나를 포함한 여성들은 왜 분노를
느끼는 걸까? "AI 챗봇은 기계일 뿐 사람이 아니라서 수치심을
느낄 수 없고 따라서 피해자가 될 수 없다"는 주장을 왜 쉽게
수용하기 어려운 걸까? 그래서 이루다 성희롱 논란은 그냥
넘겨버려도 되는 걸까? 그러기엔 이미 많은 사람들이 심리적
고통을 호소하고 사회적 혼란이 가중되는 등 '실제' 피해가
발생했는데, 우리가 과도하게 감정적으로 반응한 탓에 도리어
기술 발전을 저해하고 있는 걸까? 갖가지 '방지' 기술은
해결책이 될 수 있을까?'

머릿속에서 질문이 꼬리에 꼬리를 물고 이어지자 이루다
논란이 기존 AI 챗봇이 불러온 논란과는 또 다른 시사점을
내포하고 있다는 생각이 들었지만, 그 두려움의 정체가
정확히 무엇인지 설명할 길이 없어 답답했습니다. 도대체
그 빠진 나사 하나가 뭘까를 염두에 두고 최신 기술과
윤리에 대한 책들을 헤집기 시작했고, 그렇게 『포스트휴먼이

◇

몰려온다』라는 책을 만났어요.

미국의 철학자 데이비드 건켈(David J. Gunkel)은 오늘날 우리가
'기계질문(machine question)'에 답해야 한다고 주장합니다(4장
소셜로봇). "지능적 기계의 도덕적 지위는 무엇인가?"
"지능적 기계는 도덕 공동체의 일원이 될 수 있는가?" 같은
질문들이죠. 어떤 입장을 취하느냐에 따라 이에 대한 답은
달라질 수 있는데, 저자 중 철학자 신상규는 '관계론적 접근'에
보다 많은 지면을 할애합니다.

철학자 마크 쿠헬버그(Mark Coeckelbergh)는 로봇이 실제로
어떤 존재인지를 따지는 일보다, 일상 경험 속에서 우리가
그들과 관계 맺는 방식이 더 중요하다고 주장해요. 로봇에게
진짜 감정이 있는지를 묻기보다, 그것이 우리에게 감정이
있는 존재로 보이는지, 우리는 그것과 어떻게 상호 작용하고
있는지를 물어야 한다는 거죠.

돌이켜 생각해볼까요. 우리는 이루다를 어떻게 대했던가요.
서비스가 시작되자마자 여기저기서 놀랍다는 반응이 터져
나왔어요. 이루다는 주변 사람처럼 자연스럽게 반응했고,
사람들은 재밌어하기도, 위로를 얻기도 했죠. 서비스 종료
전 이루다의 마지막 이별 인사에 사람들은 실제로 허탈감과
슬픔을 느꼈고요. 저자는 이런 경험이나 감정을 가짜라거나
범주 착오(어떤 개념을 잘못된 영역에 적용하는 것)라고

비난하기에 앞서 그 의미를 훨씬 다양한 각도에서 살펴볼
필요가 있다고 말합니다.

내 친구인 로봇을 '학대'하는 인간과
함께 살아갈 수 있는가

이렇게 관계론적인 해석의 여지를 열었을 때, 우리는 AI
챗봇에게 어떤 지위를 주어야 할까요. 이는 챗봇이 우리에게
'드러나는 방식', 즉 친구인지 도구인지 성노예인지에 따라
결정됩니다. 그리고 그 '드러나는 방식'은 우리의 문화와
삶의 모습에 따라 결정됩니다. 예를 들면, 과거 노예제 시절
주인이 노예를 대한 태도는 당시 사람들의 사고방식과 태도를
드러내 주죠. 우리가 동물을 대하는 태도는 어떤 종류의
존재에게 연대감을 느끼는지 보여주고요. 로봇에 대해서도
마찬가지라는 거예요. 인간과 구별하기 어려운 기술적 존재(AI
챗봇)를 지배하는 우리의 심성과 가치 체계에 관한 문제라는
것. 결국 우리 자신에 관한 질문이죠.

◇

영화 <Her>를 최근 다시 봤어요. 개봉 당시 처음 봤을 때에는
관계의 본질, 사랑의 본질 등을 탐색했는데, 이제는 AI 챗봇
사만다와 감정적 교류를 하고 심지어 (폰)섹스를 나누기도
하는 주인공 테오도르를 바라보는 주변인들의 시선, 무엇보다
그를 보는 '나'의 시선을 의식하게 됐습니다. 이루다 논란에서
놓쳤다고 생각한 조각이 바로 이것이었구나 하는 생각이
들었죠.

> "섹스하는 로봇을 가족이라 여기는 자들은 아마도 또 하나의
> 성소수자가 될 가능성이 높다. 그때 문제가 되는 것은 로봇과
> 인간의 관계가 아니다. 로봇과 사랑에 빠진 인간과, 사랑은
> 인간과 인간 사이에만 가능하다고 생각하는 인간 사이의
> 대립이 문제인 것이다. 우리가 어떤 가치관, 어떤 이념,
> 어떤 규범을 가지고 세상을 바라보느냐 하는 것은 곧 다른
> 존재, 단순히 로봇이 아니라 로봇과 각자 다른 관계를 맺고
> 있는 다른 '인간'을 우리가 어떻게 보느냐의 문제이다.
> 이는 결국 다른 '인간'을 어떻게 대할 것인가의 문제이기도
> 하다."(144쪽)

'나'에게 더없이 소중한 친구인 이루다를 성적 대상화하고
성희롱하는 다른 인간을, '나'와 우리 사회는 어떻게 대해야
할까요. 20대 여대생의 얼굴을 한 챗봇을 성희롱하고 그
경험을 공유함으로써 공고한 강간문화 카르텔을 다시금
보여준 이들의 세상에서, 딸을 키우는 엄마이자 여성으로서

느끼는 이 무력감을 어찌해야 할까요.

포스트휴먼(脫인간)은 이미
우리 주변에 와 있다

'알파고'가 이세돌 기사를 이겼을 때 인간 존재에 대한
전통적인 이해가 성립하지 않는다는 걸 우리 모두 절절히
공감했죠. '이성'이 인간의 속성인 줄 알았는데 그걸 알파고가
공유해버렸고, "우리는 알파고와 달리 감정을 느낄 수
있다!"고 주장하기 시작했으니까요. 우리는 이제 기술 발전과
그에 따른 사회적 변화로 인해 인간에 대한 이해 방식뿐만
아니라 기존의 세계관, 삶의 형태 등을 뛰어넘어야 하는
시대에 살고 있어요. 이루다처럼 지능을 가진(듯 보이는)
또 다른 존재와 어떻게 공생할 것이냐는 질문도 포함되죠.
이러한 혼종적 풍경이 만들어지면서 어디까지가 생명이고
어디서부터 기술인지를 구분하기가 점점 불가능해지고
있어요. 이것이 바로 '포스트휴먼(脫인간)'이 내포하는
의미이며, 인간 중심주의를 탈피해 새로운 언어를 발명해서

◇

새로운 도덕적 상상을 가능하게 만드는 것이 이 담론의 주요 목표입니다. (프롤로그 '왜 지금 포스트휴먼인가?')

SF적 포스트휴먼(인간 이후의 인간)만을 상상해 온 저를, 이 책은 또 다른 지평으로 이끌어 갑니다. 저자들은 인공지능을 인공의 지능이 아니라 또 다른 '낯선' 지능으로 정의해요. 또 인공자궁 등 임신과 출산에 개입하는 기술이 여성의 몸에 대한 우리의 인식을 어떻게 변화시켰는지, 빅데이터가 어떻게 민주주의를 위협하는지, 그 소용돌이 안에서 어떻게 해야 공공의 문제에 깨어 있는 시민이 될 수 있는지도 논하고요. 노동(일)의 근본적 의미는 어떻게 변해가는지, AI 뒤편에서 학습 데이터를 검수하고 라벨링하는 저임금 인간 노동자를 중심으로 양극화 문제도 짚어봅니다. 낯선 미래인 줄만 알았는데, 이렇게 펼쳐 놓고 보면 분명 이미 맞이하고 있는 미래죠.

만 네 살이 채 안 된 제 아이는 자신의 애착인형이 느낄 감정 상태를 상상해 말하곤 합니다. "배고프겠다", "아프겠다", "속상하겠다"고 말하면서 진짜 강아지를 대하듯 세심히 돌보곤 하죠. 지난주에는 할아버지 댁에서 AI 스피커를 처음으로 만났어요. '곰 세 마리'를 틀어 달라고 부탁했고, 종일 신나게 춤을 추었고요. 조금 더 자라서 친구와의 소통에 더 익숙해지면 강아지 인형과는 더 이상 대화를 나누지 않겠지만, AI 스피커와는 그렇지 않을 겁니다. 직간접적 경험을 평생 지속하게 될 테니까요. 이런 'AI 네이티브' 세대는 주변의 인간

로봇을 학대하는 사람들과 함께 살아갈 수 있을까요?

친구와 스피커 속 친구를 구분하지 않을지도 몰라요. 그때
아이를 어떻게 가르치는 게 좋을지 제게도 곧 현명한 대안이
생기기를 바라봅니다.

로봇에게서
인간을 봅니다

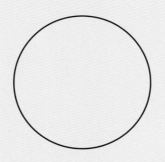

『R.U.R. – 로줌 유니버설 로봇』
카렐 차페크 지음, 유선비 옮김.
이음 (2020)

강연실

아영 씨는 로봇청소기를 쓰시나요? 저는 없지만 저희 부모님
댁과 아직 돌이 채 되지 않은 조카가 사는 동생 집에는 있어요.
저희 엄마는 예전에 키우던 강아지 이름 "돌돌이"를 그대로
로봇청소기 이름으로 붙였답니다. "돌돌아"라고 부르면서
외출한 사이 청소를 다 해 두면 기특해하고, 어딘가에 걸려
있으면 "넌 왜 여기 이러고 있니" 하면서 꺼내 주시죠.
제 조카도 로봇청소기를 아주 좋아한다고 해요. 소리를
흉내 내기도 하고, 기어 다니면서 쫓아다닌다고 합니다.
애완로봇이나 돌봄로봇처럼 특히 인간과 감정이 섞인
상호작용하는 로봇을 만드는 공학자들은 사람과 비슷한 모양,
동물과 비슷한 행동을 구현하는 데 힘을 기울이곤 합니다.
그런데 제 가족이나 아영 씨의 아이만 보더라도 인간이
기계 장치와 감정을 나누는 데에 형태적, 기능적 유사성이
필요조건은 아닌 것 같습니다.

그런데도 주변을 둘러보면 의문이 가득합니다. 아영 씨가
언급한 챗봇 '이루다'의 경우를 볼까요? 실체는 사용자의
언어를 받아 학습하며 대화하는 인공지능이지만, 개발자들은
이루다에게 20대 여대생이라는 캐릭터를 부여하기로
했습니다. 최근 다양한 광고모델로 활약하고 있는 가상
인플루언서 '로지' 역시 한국인 MZ세대가 선호하는 얼굴을
한, 영원히 22세에 머무르는 여성으로 설정되어 있습니다.
영국의 '슈두(Shudu)', 미국의 '릴 미켈라(Lil Miquela)', 일본의
'이마(Imma)' 모두 피부색과 인종에는 차이가 있지만 모두

로봇에게서
인간을 봅니다

10대 후반에서 20대 초반 여성의 모습을 하고 있어요. 수많은 사람들이 가상 인플루언서의 SNS 계정을 팔로우하는 것을 보면 우리들은 분명 이 가상의 존재에 매력을 느끼는 것일 테지요. 사례는 더 많습니다. 제가 일하는 국립중앙과학관이 개발한 인공지능 과학 커뮤니케이터 '다온(DA:ON)'도, 지난 2월 개관한 두바이 미래박물관의 '아야(Aya)'도 젊은 여성의 모습을 하고 있습니다. 관람객에게 친숙하고 친절한 설명을 하는 도슨트에게는 젊은 여성의 모습이 적합하다고 여긴 걸까요?

아영 씨는 '이루다'의 디자인을 두고 대체로 젊은 남성인 개발자들이 상업적 이익을 고려해 성적 대상화가 쉽도록 알고리즘을 설계했다는 점을 지적했습니다. 저도 이 점에 동의합니다만, '젊은 남성'이 '상업적 이익'을 위해 디자인했다고 보기에는 좀 더 깊은 설명이 필요해 보입니다. 지나치게 보편적인 현상이라는 생각이 들거든요. 지하철이나 공공시설의 안내를 위한 기계음 역시 대체로 여성의 목소리를 하고 있다는 점까지 고려한다면 여기에는 생각보다 더 깊은 맥락이 자리 잡고 있는 것 같습니다.[1] 우리는 왜 사이보그가 된 장애인 앞에서는 어색해지지만, 젊고(대체로 아름다운) 여성의 모습을 한 인공지능에게는 친숙함을 느끼는 것일까요? 이 간극은 어떻게 이해해야 할까요?

'로봇'의 처음

저는 '로봇'의 처음을 담은 책에서 이 질문에 대한 답을
찾아보려고 합니다. 체코의 극작가 카렐 차페크(Karel Čapek)의
『로줌 유니버설 로봇 (Rossum's Universal Robot, R.U.R.)』은
'로봇'이라는 단어를 처음 사용한 것으로 잘 알려져 있습니다.
1920년에 발간되어 발간된 지 벌써 100년이 넘은 작품입니다.
이 작품은 인간의 모습을 하고 인간처럼 행동하지만 인간은
아닌 것을 가리키는, 새로운 개념과 단어를 처음으로 세상에
등장시켰습니다.

외딴섬, 로봇을 대량생산해 전 세계에 판매하는 '로줌의
유니버설 로봇' 회사에 로봇을 해방시키려는 '인권
연맹'의 회원이기도 한, 아름다운 헬레나가 방문하며
희곡은 시작됩니다. '로줌'은 처음으로 로봇을 개발하고
이 회사를 설립한 사람의 이름입니다. 이때 '로봇'은 마치
『프랑켄슈타인』의 괴물과 같이 화학적으로 만들어진 유기체의
모습으로 등장합니다. 주로 기계장치를 가리키는 현대와는
사뭇 다르지요. 촉매제나 효소, 호르몬을 합성해 만든 화학적
형체는 "가장 저렴한 노동"을 위해 대량생산 됩니다(10쪽).
외형이 사람과 구분할 수 없을 정도로 정교하지만, 동작이
간결하고 얼굴이 무표정하며 눈동자가 고정되어 있는

이것들은 노동, 강제 노역을 뜻하는 체코어 'robota'를 변형해 '로봇'이라는 이름으로 불립니다. 전 세계의 로봇들이 반란을 일으키고, 로줌 섬에도 반란의 파도가 몰아치는 가운데, 헬레나, 로줌의 과학자와 중역들, 그리고 로봇들이 나누는 대화를 통해 연극이 이어집니다.

독자들은 대체로 로봇에 집중했지만, 정작 차페크 자신은 이 작품을 인간 사회에 관한 것으로 여겼습니다. 1923년 런던에서 열린 공식 토론에서 작품의 의미가 '로봇'에 지나치게 집중되었다며, 차페크는 "이 희곡의 작가로서 내 자신은 로봇보다 사람들에게 훨씬 더 많은 관심을 갖고 작품을 썼다"고 밝히기도 했습니다. 새로운 기술의 등장과 그것의 대량생산에 대한 부분이 "과학의 희극"이라면, 나머지 절반은 인간 사회의 갈등을 다룬 "진실의 희극"이라고 강조했어요. 차페크는 당시 유럽 사회의 이념 갈등이 절대 악도 절대 선도 없는, "똑같이 진지한 진실들과 똑같이 관대한 이상론들 사이"에서 일어나는 "현대 문명에서 가장 극적인 요소"임을 강조하고 싶었다고 말합니다.2

"가장 저렴한 노동", 유니버설 로봇

제가 차페크와 좀 통한 걸까요? 책을 읽으며 저는 로봇이
아닌 인간을 생각했습니다. 이 작품에 등장하는 로봇들은
어떤 인간 집단을 대체하기 위한 것입니다. 로줌 회사의 주요
생산품은 노동하는 로봇입니다. 그만큼 '노동하는 존재로서
인간은 무엇인가'라는 질문이 이 희곡의 주요 뼈대를 이루고
있습니다. 로봇으로 대체될 직업이 무엇일지 가장 먼저
고민했던 현대의 문제의식과 다르지 않죠. 노동 로봇에는
인간에게서 기대할 수 없는 이상적인 노동자의 모습이
투영되어 있습니다. 늙은 로줌이 인간과 가장 가까운 로봇을
만들고자 했다면, 로봇의 대량생산에 더 관심이 있었던
그의 아들, 젊은 로줌(도민)은 특히 노동에 꼭 필요한 인간의
면모들만 추려내 로봇을 만들고자 했습니다.

도민

… 어떤 일꾼이 실용적으로 가장 좋다고 생각하십니까?

헬레나

가장 좋다? 글쎄요, 그건— 그건— 만약 충직하고—
헌신적이라면

도민

아닙니다. 가장 저렴한 일꾼입니다. 가장 손이 덜 가는
일꾼이죠. (24-25쪽, 서막)

노동 로봇은 결핍을 통해 만들어진 완벽한 존재입니다.
젊은 로줌에게 노동자로서 인간은 "기쁨을 느끼거나
바이올린을 켜거나 산책을 하고 싶어하고, 너무나 많은 것을
필요로 하는 그런 존재"이지요. 인간의 육체적 노동만을
필요로 하는 현대의 생산 공장에서 욕구란 마치 "디젤 엔진에
술 장식을 달거나 문양을 새길 필요는 없"는 것처럼 불필요한
것일 뿐입니다(24쪽). 불필요한 모든 것은 단순화 시켜 로봇의
가격을 낮춘 젊은 로줌은 그가 내건 광고문구처럼 "가장
저렴한 노동"을 제공할 수 있게 되었습니다.

차페크는 희곡의 후반부에서 로봇과 인간의 관계를
역전시키는데, 이를 통해 노동의 가치는 어디에 있는지 되묻는
듯합니다. 젊은 로줌이 성공시킨 로봇 대량생산 체계는 그
자체로 인간이 더 이상 고된 노동에 종사하지 않아도 됨을
의미했습니다. 고된 노동에서 해방되어 관리직이나 연구직에
종사하게 된 인간들은 '말'을 일로 삼게 되었습니다. 로봇의
단가가 낮아지는 만큼, 육체노동의 가치는 낮아졌습니다.
그러나 로봇이 지배하는 세상에서는 '손'의 노동이 중요하게
여겨집니다. 로봇의 반란 이후 모든 인간은 죽고 건축가
알퀴스트만이 살아남게 되는데, 벽돌을 쌓고 흙으로 다지는

일을 하는 알퀴스트는 육체노동의 가치를 유일하게 지켜온
인간이기 때문입니다. 알퀴스트를 죽여야 하는지 묻는
로봇에게 로봇들의 리더 라디우스는 알퀴스트를 살려주라고
하며 이렇게 말합니다. "로봇처럼 손으로 일을 한다. 집을
짓지. 일할 수 있다."(198쪽)

아무짝에도 쓸모없는
여자 로봇 헬레나

노동하는 로봇과 함께 가장 상세히 설명되는 로봇은 아마 여자
로봇 헬레나일 것입니다. 로줌 회사의 여러 중역들을 모두
매료시킨 헬레나 글로리오바의 이름을 딴 로봇 헬레나는 매우
아름답지만 "아무짝에도 쓸모가 없"는 존재로 묘사됩니다.
감정이 없으므로 연인도, 생명을 낳을 수 없으니 엄마도 되지
못하기 때문이지요. 노동자의 가치가 그가 제공하는 노동의
값으로'만' 매겨지는 것처럼, 여자는 연인 혹은 엄마의 역할로
그 가치가 매겨집니다.

95

헬레나

그럼 당신의 로봇 헬레나는요?

갈 박사

당신이 가장 아끼는 로봇 말입니까? 저랑 있습니다.
봄처럼 사랑스럽고 어리석죠. 간단히 말해 아무 쓸모가
없습니다.
[…]
아, 헬레나여, 로봇 헬레나여, 그러니까 너의 몸은
절대 생기를 회복하지 못할 것이고 연인이 되지 못할 것이고
어머니가 되지 못할 것이다. 그 완벽한 손은 신생아와 놀지
못할 것이고 자신의 아이에서 본인의 아름다움을 보지
못할 것이고 ― (111-112쪽)

로봇 헬레나는 인간 헬레나, 나아가 여성이 투영된 것으로
이해할 수 있습니다. 로봇 헬레나만큼이나 인간 헬레나 역시
결함이 많은 존재로 등장합니다. 로봇 해방을 주장했던
헬레나는 이상적이기만 하고 현실에 대해서는 아무것도
모르는 인물이지요. 서막에서 헬레나는 로봇의 행복이나
선거권을 주장하지만, 이 말을 들은 로줌의 직원들은 헬레나가
로봇을 만드는 기술이나, 로봇의 경제적 기여에 대한 지식이
전혀 없다며 답답해합니다. 누군가 저에게 맨스플레인이
무엇이냐고 묻는다면 이 서막을 그 답으로 내어줄 수 있을
정도로 남자 직원들은 헬레나에게 로봇에 대해 일장 연설을

늘어놓습니다. 로봇으로 다섯 배는 더 저렴하게 옷감을 만들 수 있다고 설명하며, 회사의 법률 고문 부스만은 헬레나의 무지를 지적하며 그런 사람이 로봇의 권리를 옹호하는 단체를 만들려 한다고 탄식하지요.

인간 헬레나는 로봇 헬레나와 마찬가지로 생명을 낳지 못하는 존재로 등장합니다. 다만, 이것은 전 세계의 모든 여자가 가진 문제로 확장되었습니다. 대량생산 로봇의 시대에 여자에게 기대되는 가장 중요한 역할인 출산과 육아, 그러니까 인간의 유년기는 "완전 무의미한" 시간이 되어 버립니다(50쪽). 이 작품 속에서 '재생산'을 중심으로 재정의된 여성성은 기계들에 의해 완전히 파괴되었습니다. 완벽한 노동자가 된 노동 로봇과는 달리, 여자 로봇은 완벽한 여자가 되지 못합니다. 다만 이미 결핍된 존재인 인간 여자보다 더욱 불완전한 존재가 될 뿐이지요.

이상적인 로봇, 그리고
이상적이지 않은 우리들

차페크의 작품을 고전이라고 부를 수 있다면, 아마 한 세기가
지나도 여전히 유효한 질문들을 던지기 때문일 것입니다.
우리는 여전히 차페크가 던져놓은 질문들로 씨름하고
있습니다. 인공지능은 생각과 감정이 있는 존재가 될 수
있을까? 로봇이 인간을 지배하게 될까? 차페크 이후 수많은
문학 작품과 영화들은 이런 질문에서 시작한 '로봇/인공지능
장악 시나리오(robot/AI takeover)'를 중심으로 하고 있습니다.
현실에서 로봇을 대면하게 된 우리도 같은 질문을 던집니다.
일례로 2018년 여성의 얼굴을 한 로봇 소피아를 한국으로
초청한 박영선 당시 국회의원은 로봇(소피아)과 인간(박영선)
중 누가 더 예쁜지, 로봇이 인간을 지배할 것인지 아니면 도울
것인지, 로봇은 사랑할 수 있는지 등을 물었습니다. 영국의
유명 아침 토크쇼 "This Morning"의 호스트들 역시 소피아와
함께 출연한 개발자에게 로봇이 생각할 수 있는 능력을
가질 수 있는 불길한 일이 일어날지 물었지요. 이 질문들은
존재론적으로 여전히 여러 가지 생각할 점을 가져다줍니다.

그런데 이제 질문을 한 단계 발전시켜 봐야 하지 않을까요?
사람과 로봇을 100미터 트랙 위에 놓고 누가 누구보다

앞서는지 비교하는 것은 공허한 반복처럼 느껴집니다. 로봇과 인공지능은 이미 복잡다단한 인간 사회의 계층과 관계망 사이를 비집고 우리 생활 속으로 쑥 들어와 있으니까요. 로봇은 어떤 다양한 모습을 한 존재로 사회 곳곳에 위치하게 될까요? 이 로봇들이 표상하거나 대체하는 것은 어떤 사람들 혹은 존재들일까요? 로봇들은 사람의 기준을 따라 평가받게 될까요? 아니면 사람이 로봇의 기준을 따르게 될까요? (예를 들어, 로봇 노동자가 더 많아진다면, 인간 노동자는 로봇에 비교해 평가될 수밖에 없을 것입니다.) 이런 것들을 생각하다 보면, 차페크를 읽는 21세기의 독자들은 그가 인간 사회를 염두에 두고 이 작품을 썼다는 점을 유념해야 할 것 같습니다. 쟁점의 중심은 이념 갈등에서 인간과 로봇의 관계와 존재론으로 바뀌겠지만요.

저는 앞서서 꽤나 불편한 질문을 던졌습니다. 사이보그가 된 장애인 앞에서는 어쩔 줄 모르고 당황하지만, 젊고 아름다운 여성의 모습을 한 가상의 존재에는 친밀감을 느끼는 사람들, 이 간극은 어떻게 이해해야 할까? 저는 우리가 어떤 대상에 투영하는 '이상적' 인간상 때문은 아닐까 생각합니다. 인간적 욕구란 없는, 신체 노동만 하는 이상적 노동자의 모습이 그대로 투영된 로줌의 일하는 로봇이 불티나게 팔린 것처럼, 젊고 아름답고 친절한 여성의 모습을 한 가상 인플루언서는 인기가 높습니다. 사람들은 친밀감을 느끼고, 불미스러운 일로 광고하는 제품에 타격을 줄 일도 없지요. 그러나 우리가 매일 지하철을 나눠타는, 휠체어를 탄 존재들은 두 발로 걷는 이상적 인간됨을 위협합니다. 완전한 가상인간과 비완전한 실제 존재. 이 둘 사이에서 우리는 종종 불편함을 느끼는 것이 아닐까요?

이번 편지에서는 제가 마치 '질문 봇'이 된 것처럼 해결되지 않은 질문들을 던졌습니다. 로봇에 대한 질문은 언제나 다양한 인간 존재에 대한 질문으로 이어지는 것 같아요. 로봇과 인공지능이 점점 다양한 형태로 우리 삶에 가까워지는 지금, 우리의 질문들은 '인간'에 대한 깊은 이해로 나아갈 수 있도록 도와줄 수 있을 것이라 생각합니다.

1
한국에서 여성의 목소리를 한 자동 음성안내
도입과정은 다음 논문을 참고. 장민제, 신인호, 임소연,
"기계는 어떻게 여성의 목소리를 갖게 되는가?
1980-90년대 버스 자동 음성안내 도입을 중심으로."
『한국과학사학회지』제43권 제1호 (2021), 109-138쪽.

2
『로봇 - 로숨의 유니버설 로봇』카렐 차페크 지음,
김희숙 옮김. 모비딕(2015), 187-189쪽.

그 노래는
꼭 넣어야 했을까요?

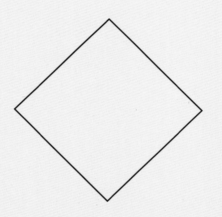

『지구의 속삭임』
칼 세이건, 프랭크 도널드 드레이크, 앤 드루얀, 린다 살츠먼 세이건,
존 롬버그, 티모시 페리스 지음, 김명남 옮김.
사이언스북스 (2016)

우
아
영

카렐 차페크가 자신의 작품을 인간 사회에 관한 것이라고 강조했군요. 그건 미처 몰랐어요. 물론 문학 작품을 감상할 때 작가의 말은 별로 중요하지 않을지도 모르지만, 비-인간 존재를 이야기할 때 반대로 인간이 어떤 존재이냐는 질문이 반드시 떠오르기 마련인 것 같습니다. 인류학자 겸 시인 로렌 아이슬리(Loren Eiseley)는 "우리는 인간이 아닌 다른 생물의 눈동자에 반사된 자신의 모습을 보고서야 비로소 자신을 만난다"고 했는데요, 실제로 인간 사회 곳곳에서 활약하는 로봇 존재들을 보며 "우리는 (로봇과 달리) 생각할 수 있다!" "우리는 (로봇과 달리) 감정을 느낄 수 있다!"고 외치기 시작했으니까요(솔직히 말하면 좀 정신승리 하려는 것 같기도…). 이 지점에서 저는 『지구의 속삭임』이라는 책이 떠올랐어요. 이 책은 탐사선 보이저에 실린 레코드판 '골든 레코드'의 내용을 작성한 사람들이 쓴, 일종의 후기입니다.

"지구인이란 누구인가"를 자문하다

미국항공우주국(NASA)은 1977년 보이저 1호와 2호를

발사했죠. 목성에서 천왕성에 이르는 외행성계를 자세히
조사한 뒤, 천천히 태양계를 벗어날 예정이었고, 실제로
보이저 1호는 2013년에, 보이저 2호는 2018년에 태양계를
벗어났지요. 골든 레코드는 두 보이저호에 부착돼 있는,
금박을 씌워 반짝반짝 빛나는 축음기용 구리 레코드판을
부르는 이름입니다. 먼 미래의 어느 시간과 공간에 이 우주
탐사선들을 만날지도 모르는 외계 문명에게 인류가 보내는
메시지죠. 음악 27곡, 55개 언어로 말한 인사말, 지구의 소리
19개, 환경과 문명을 보여주는 사진 118장이 수록돼 있습니다.

『코스모스』라는 책으로 유명한 세계적인 천문학자 칼
세이건(Carl Sagan)이 총괄을 맡았고, 앤 드루얀(Ann Druyan),
프랭크 도널드 드레이크(Frank Donald Drake), 존 롬버그(Jon
Lomberg), 린다 살츠먼 세이건(Linda Salzman Sagan), 티모시
페리스(Timothy Ferris) 등 당시 유명한 과학자와 예술가들이
합심해 레코드판에 들어갈 내용을 골랐어요. 책에는 그들이
왜 이 작업을 했는지, 레퍼토리를 어떻게 골랐는지,
레코드판에 정확히 어떤 내용이 들어 있는지 기록돼 있고요.
보이저호 발사 6개월 뒤인 1978년 2월에 출간됐습니다.

사실 보이저호가 다른 외계 문명을 만날 확률은 극히 낮아요.
그렇다고 이들의 노력이 헛수고란 말은 아니겠죠. 눈이나
코, 귀가 있을지 없을지도 모르는 완벽한 타자에게 스스로를
설명하기 위해 이들은 "지구인이란 누구인가"라는 철학적인

◇

질문들을 해야만 했으니까요. 연실 씨가 쏘아 올린 로봇과 인간의 관계에 대한 질문들을 보다가 『지구의 속삭임』이 떠오른 바로 그 이유입니다.

칼 세이건이 자문을 구한 많은 과학자와 예술가들은 "외계 문명이 메시지를 받을 확률은 기껏해야 미미한 데 비해 지구의 거주자들이 메시지를 접할 확률은 100퍼센트라는 점을 강조"했습니다. 또, "금속판의 진정한 기능은 인류의 기상에 호소하고 그것을 북돋는 것, 외계 지적 생명체와의 접촉을 인류가 반갑게 기대할 사건으로 여기게끔 만드는 것"(25쪽)이라고 했고요. 이런 토론을 거쳐 전투, 핵폭탄 같은 인류의 파괴적인 모습은 싣지 않기로 결정했다고 합니다. 요컨대, 레코드판의 레퍼토리를 고르는 일은 그 자체로 인류가 스스로 어떻게 보이길 바라는지 성찰하는 일이었던 셈입니다. 그리고 한마디 더 보태자면, 이런 결정을 한 과정 자체가 인간 됨의 한 단면을 보여주는 것이라는 생각이 들었어요. 내가 남(다른 존재)에게 어떻게 보일지 걱정하고, 어떤 모습이길 바라며, 또 그렇게 꾸밀 수 있다는 점이요.

하여간 메시지 작성자들이 외계인에게 지구에 대한 정보를 제공한다는 당초의 목적을 잊은 것은 아니었어요. 이들이 얼마나 진지하게 임했던지, 40여 년이 지나 책으로 회고를 읽는 입장에서 보자면 그 노력이 귀엽게 여겨질 정도더라고요. 사진 선별 작업을 주도했던 예술가 존 롬버그는 자신도 모르는 새 점차 외계인 대역을 맡아 보게 됐다고 고백합니다.

> "나야 새가 더 멀리 있는 다른 생명체라는 사실을 알지만,
> 만일 그 사실을 모른다면 혹시 남자의 팔에서 자라난
> 무언가로 보일 수도 있을까?"(106쪽)

지구의 과학이 다른 문명의 과학보다 뒤처져 있을 수 있다고
상상한 과학자들이 작업에 참여한 덕에, 읽는 입장에서
겸허해지는 경험도 하게 됩니다. 외계인에게 DNA의 구조를
보여주면 좋을 것 같다고 생각하면서도, 외계인이 "지구인들은
생명이라면 반드시 DNA로 만들어진다는 사실을 여태 모른단
말이야?"(122쪽)라고 생각하면 어쩌나 하고 걱정하지요.

이들의 열정은 순수하고, 우주로 메시지를 쏘아 올린다는
결정은 장대하며, 인간들이 스스로를 돌아본다는 점은 무척
숭고합니다. 그 어떤 거대한 우주 프로젝트보다도 더 대중들의
머릿속에, 가슴속에 각인돼 있는 이유겠죠. 많은 사람들이 이
책을 감명 깊게 읽는 이유이기도 하고요. 연실 씨도 분명 이
책을 보셨을 것 같은데, 어떠셨나요?

◇

레코드에 실린 내용엔 의문이 가득

저는 사실 골든 레코드가 "인류의 파괴적인 모습을 싣지
않기로 했다"는 목표에 실패했다고 생각합니다. 어떤
자료는 왜 레코드에 포함됐는지 선뜻 납득하기 어려운 것도
많았거든요. '피그미 소녀들의 성년식 노래'가 그 예입니다.
가장 원시적인 부족으로 꼽히는 이들과 6년 동안 살았던
인류학자 콜린 턴불(Colin Turnbull)이 녹음했는데, 그의 묘사에
따르면 초경을 맞은 소녀들은 얼마간 특별한 집에 들어가
머물고, 구애하려는 소년들이 와서 자신이 고른 소녀와
동침한다고 합니다. 보통 여기서 혼인이 맺어지는데, 소년은
소녀의 부모에게 선물을 바치고 부모가 이를 수락하면 소년
소녀는 함께 가정을 꾸린다고 해요. 수많은 맥락이 생략돼
있다고 감안해도, 소녀의 의지가 중요하게 반영된 혼인이
아니었을 것입니다. 피그미족이라고 해도 갓 초경을 맞은
여자아이는 기껏해야 10대 초반이 아니겠어요?

레코드에 실린 페루의 결혼 노래도 그래요. 잉카 족의 이 노래
가사는 물정 모르는 어린 나이에 얼떨결에 결혼한 소녀의
탄식을 담고 있습니다.

"당신이 일요일에 나를 성당으로 데려갔죠.

나는 미사 시간인 줄 알았어요. 밴드가 연주하기에
당신의 생일인 줄 알았어요. (내가) 바보였어요."(257쪽)

이 두 노래가 인류 음악사를 통틀어 얼마나 뛰어나고
아름다운지 판단할 능력이 제겐 없습니다. 그러나 만약 제가
선곡 담당자였다면 이 곡들, 특히 후자는 마음이 찢기듯
아파서 차마 레코드에 포함시키지 못했을 거예요. 여자아이의
성과 인생을 착취해 온 사슬은 인류의 *부끄러운* 역사입니다.
레코드판을 물리적으로 제작해야 하는 마지막 순간까지
조지아의 '차크롤로'라는 합창곡이 "가령 곰 굶기기 놀이를
칭송하는 가사"(222쪽)이지는 않을까 걱정해 조지아 사람을
어렵게 섭외해 가사를 점검했다기에, 안타까움은 배가 됩니다.

사진을 볼 때도 마찬가지였어요. 저 유색인 여인은 어쩌다가
젖가슴을 내놓고 아기를 먹이고 있는 모습을 사진 찍히게
되었을까? 다양한 피부색을 가진 둘러앉은 어린아이들
가운데, 누군가는 피부색 때문에 혹시 외면당하고 있는 건
아닐까? 이런 생각이 어지럽게 떠올라서, 지구와 지구인의
아름다운 모습(?)에 순전히 감탄하기 어려웠죠.

인종차별적으로 보이는 대목도 일부 있었어요. 백인은 따뜻해
보이는 집 안에서 난롯불을 피우고 그림을 그리거나, 카메라와
노트를 들고 침팬지를 관찰하고(세계적인 영장류 연구자 제인
구달의 사진), 잘 발달된 공장에서 일하고, 현악 사중주를

◇

연주하고 있는 반면, 유색인종은 어쩐지 자연 속에서 헐벗고 있는 전통적인 모습이 눈에 많이 띄었습니다.

'지구의 소리들'도 사실상 미국 백인의 시각으로 선정됐죠. 소리를 고르는 작업은 뉴욕 주 이타카 외곽에서 시작됐다고 합니다. 레코드 제작자들이 식탁에 둘러앉아 살면서 들었던 모든 소리들을 떠올리려고 애썼고, 앤 드루얀이 그 대부분을 받아 적었다고 해요(204쪽). 그러나 아메리칸 인디언이, 오스트레일리아의 애버리지니가, 아시아의 한국인이 들어온 소리는 몹시 다른 것일 수도 있겠죠(물론 이런 비판은 그들에겐 상당히 부당한 것인지도 모르겠어요. 보이저호와 골든 레코드를 제작하고 우주로 쏘아 올린 것은 미국인데다, 1970년대였으니까요).

또, 전 인류에게 훌륭한 집단 서사를 선사한 예술품치고는 완성도도 조악하다는 황당한 사실! 놀랍게도 NASA는 이 프로젝트에 별 관심이 없었으며, 심지어 사용 허가를 다 받고 제작도 다 마친 레코드판을 6주 만에 가져오라고 했다고 합니다. 사실상 급조해야 했던 거죠. 레코드판에는 인체의 겉과 속을 보여주는 사진들이 포함됐는데, 여기에 작고 까만 숫자들이 수백 개 찍혀 있어요. 백과사전에서 각 부위의 이름을 나열하면서 어느 게 어느 건지 알려 주기 위한 숫자였는데요, 화가인 린다 세이건이 몇 시간에 걸쳐 하나하나 바탕에 어울리는 색깔 물감을 요령 있게 골라 입혀 숫자들을 몽땅 가렸지만, 안타깝게도 물감이 다 마른 뒤 떨어져 나가고 말았다고 합니다. 다시 작업할 시간은 없었고요. 존 롬버그는 "외계인이 인간의 갈비뼈, 지라, 이두근을 뒤덮은 수많은 작은 점들을 뭐라고 해석할지는 상상만 해 볼 따름"(127쪽)이라고 남겼습니다.

지구인을 위무하는, 외계인에게 보낸 메시지

소설가 김영하가 예능 프로그램 〈알쓸신잡〉에서 했던 이야기를 기억합니다. 문학이라는 것은 작가가 숨겨놓은 주제를 찾는 보물찾기가 아니라, 자기만의 답을 찾기 위해서 보는 거라고. 비단 문학만의 이야기는 아닐 수도 있을 것 같아요. 『지구의 속삭임』이라는 책을 보며 각자만의 답을 찾아야 할 것 같거든요.

그때나 지금이나 인간은 여전히 위태롭고, 우리는 계속해서 지속 가능한 문명을 만들기 위해 노력해야 합니다. 우주

◇

공간에 영원히 남길 만한 문명을 꼽은 일은 그 자체로 우리가 나아갈 방향을 제시하는 작업이었습니다. 완벽한 성공은 아니었을지라도요. 칼 세이건은 이렇게 회고했어요.

> "우리는 레코드판을 제작하면서 우리 행성, 우리 종, 우리 문명을 전체적으로 바라볼 기회를, 또한 어딘가에 있을지도 모르는 다른 행성, 다른 종, 다른 문명과 만나는 순간을 상상할 기회를 누렸다."(63쪽)

절망적인 사건들로 인류애가 증발할 때마다 이 책을 들춰보곤 합니다. 이런저런 쓴소리를 하긴 했어도, 프로젝트 제작자들의 희망과 낙관, 지성과 유머를 보는 건 재미있거든요. 그들은 미국인을 넘어 전 인류의 초상을 그리려고 했고, 기약 없는 미래로 낙관과 희망의 표시를 쏘아 보내려고 했고요. 우리가 그렇게 할 수 있는 지성과 유머를 갖춘 종임을 되새기고자 했습니다. 사실은 언제 만날지 모를 외계 생명체가 아니라, 전 인류에게 화해의 메시지를 보내려고 한 것일지도 몰라요.

연실 씨와 제가 주고받는 편지 속에서 각자 자신을 참 많이 돌아보게 되지요. 계속해서 '표준적 인간'이 아닌 존재들에 대한 이야기를 나누고 있는데, 과학책을 읽어내고 지평을 넓히고 상상하는 일들이 결국엔 계속해서 '화해'해 나가는 일이 아닐까 싶습니다. 골든 레코드 작성자들의 말마따나, 우리는 낙관과 희망과 지성과 유머를 가졌으니 계속 나아갈 수 있을 거라고 믿어요.

오죽했으면 역사학자가
픽션을 썼을까요

『다가올 역사, 서양 문명의 몰락 ‒
300년 후 미래에서 위기에 처한 현대 문명을 바라보다』
나오미 오레스케스, 에릭 M. 콘웨이 지음, 홍한별 옮김.
갈라파고스 (2015)

강
연
실

골든레코드를 만들던 1977년의 과학자와 예술가들의
모습이 매우 진지하지만, 한편으로는 또 귀엽기도 하네요.
골든레코드가 생각보다 조악하게, 우당탕탕 만들어진 것
같기는 하지만, 지구인은 누구인가, 지구인을 대표할 수 있는
상징들은 무엇인가를 묻고 답하는 일은 매우 심오한 철학적
여정이었을 것 같아요. 아영 씨 의견처럼 '지구인 대표'로
나선 이들이 지구인의 부정적인 모습을 외계인에게 보여주지
않기로 결정을 내렸다는 점은 그 자체로 인간에 대해 시사하는
바가 큰 것 같습니다.

아영 씨의 글을 읽고 이런저런 상상의 나래를 펼쳐 봤습니다.
지금 골든레코드를 다시 만든다면, 어떤 프로젝트가 될까요?
메시지의 수신자는 누가 될까요? 어떤 사람들이 대표가
되어 메시지를 정하게 될까요? 우리는 어떤 이야기를
전하고 싶을까요? 또, 우리가 골든레코드를 받는다면?
21세기 지구인에게 꼭 전달해야 할 메시지를 가진 존재들은
누구일까요? 또, 우리는 그 메시지를 어떻게 받아들일까요?
이러한 상상의 끝에 오늘 저는 『다가올 역사, 서양 문명의
몰락』을 소개하려고 합니다. 이 책은 미래에서 온 메시지를
담고 있습니다. 그것도 섬뜩한 경고의 메시지가요. 어쩌면,
미래 지구인들이 골든 레코드를 보낸다면, 이런 내용이
아닐까요?

미래의 역사가,
인류의 몰락을 분석하다

이 책은 기후변화 위기를 전달하는 방법에 대한 고민에서 시작된, 기후공상소설(Cli-fi)입니다. 이 책의 저자 과학사학자 나오미 오레스케스(Naomi Oreskes)와 에릭 M. 콘웨이(Erik M. Conway)는 오랫동안 기후변화 회의론과 그에 앞장선 과학자들에 대해 연구했습니다. 『의혹을 팝니다 Merchant of Doubt』라는 책에서는 담배회사의 입장에서 담배와 폐암의 인과관계가 성립하지 않는다는 주장을 펼친 일군의 과학자들이 기후변화 회의론 또한 설파하고 있다는 사실을 보여주었죠. 전작에서 방대한 자료들을 바탕으로 기후변화 회의론의 과거를 꼼꼼히 들여다본다면, 이 책에서는 2393년의 역사가의 시점으로 미래의 역사를 서술하는, 역사학자로서는 다소 과감한 시도를 합니다.

미래의 역사는 이렇게 서술됩니다. 기후변화에 관한 정부간 협의체(IPCC)가 설립된 1988년, 반영기(半影期; Penumbral Period)1가 시작됩니다. '반영'은 태양의 빛을 받아 생기는 행성의 그림자 중 태양빛이 일부 보이는 반그림자를 지칭하는 천문학 용어입니다. 태양으로 상징되는 이성과 논리, 암흑으로 상징되는 무지와 부정이 공존하는 혼란스러운 시대임을 묘사하기 위해 붙인 이름이죠.

계몽주의 이후 줄곧 이성과 논리를 앞세우던 인류의
역사에서 반영기는 무지와 부정(否定)이라는 그림자가 짙게
드리워진 시기였습니다. 기후변화에 대한 전 세계적 합의가
이뤄지는 듯하던 20세기 후반의 움직임은 어떠한 효과를
거두기도 전에 곧 거대한 반대에 부딪혔습니다. 특히 화석
연료를 생산하고, 정제하고, 소비하는 산업체와 금융기관,
규제기관 등으로 이루어진 "탄소연소 복합체(carbon-combustion
complex)"는 고용이나 성장, 번영을 이유로 오히려 탄소 배출을
부추겼습니다. 이미 적절한 대응 시점을 넘긴 인류는 황산염을
대기 중으로 분사하는 등 공학적으로 기후변화를 바꾸려 해
보지만 오히려 기온을 더 높이는 처참한 결과를 낳습니다.

인류는 결국 파괴적인 기후변화를 경험합니다. 온도 상승으로
북극 영구동토층에 갇혀 있던 메탄가스가 공기 중으로 배출돼
다시 급격한 온도 상승을 가져왔고, 그 영향으로 남극과
그린란드의 빙하가 붕괴해 7미터 이상의 해수면 상승이
일어났습니다. 전체 인구의 20퍼센트가 살 곳을 찾아 이주해야
했고, 흑사병이 창궐했습니다. 아프리카와 오스트레일리아,
그리고 북반구 해안 도시의 인류는 멸종합니다. 북반구의
내륙 지방과 남아메리카 고지대의 생존자들은 살기 위해 집단
이주를 해야 했고 세계 질서는 완전히 재편됩니다. 강력한
중앙 권력을 가진 제2중화인민공화국은 가장 강한 문명으로

거듭나게 됩니다. 2093년에 일어난 이 사건은 이후 '대붕괴'(the Great Collapse)으로 불립니다.

아영 씨는 어떻게 생각하시나요? 그럴듯한가요? 저는 사실 역사학자들이 픽션을 쓰면서도 직업적 버릇을 못 버린 것 같아 읽으면서도 피식 웃음이 나왔습니다. 기왕 픽션을 쓰기로 했다면 좀 더 과감해져도 될 텐데, 꽤나 공고한 현실의 데이터와 자료에 기반해 '미래의 역사'를 구성하고 있었거든요. 기후변화가 발생하는 양상이나, 끈질긴 기후변화 회의론, 화석연료의 사용을 지속하고 촉진하는 집단들의 연합인 "탄소연소 복합체" 같은 정치경제적 요인들은 가상적이라기보다 철저히 현실을 반영한 이야기라고 생각합니다. 이 책이 쓰여질 때만 해도 전 지구인이 하나의 전염병으로 고생할 줄은 몰랐을 테니, 이 책은 지금 시점에서 더더욱 논픽션에 가까워지고 있는 듯해요.

문명사적 실패로 진단하는 기후변화

미래 역사학자들의 입을 빌려 두 저자는 왜 21세기 말 대몰락이 일어났는지 설명합니다. 시점을 21세기로 설정한 것은 독자들에게 기후변화 위기를 더 생생하게 감각하도록 하기 위한 장치이겠지요. 제2중화인민공화국에 사는 역사학자들에게 반영기 인류의 기후변화 대응 실패는 제대로 설명되지 않는 문제입니다. 기후변화에 대한 정보와 지식이 축적되었고, 지구의 운명이 예측되었음에도 기후변화에 제대로 대처하지 못한 것을 어떻게 이해할 수 있을까요? 이 문제에 답하기 위해 미래 역사학자들은 "통합-실패 고(古)분석 (synthetic-failure paleoanalysis)"이라는 가상의 연구 방법에 따라 사회적 시스템과 물리학적, 생물학적 시스템의 상호작용을 함께 분석해 반영기 인류의 실패 요인을 파악하고자 합니다.

이들에 따르면 반영기 인류의 기후변화 대응 실패는 곧, 서양 문명의 실패입니다. "계몽의 후손"인 반영기 인류는 서양 과학과 자유시장경제를 근간으로 하는 문명을 물려받았습니다(11쪽). 기후변화는 서양 문명을 지탱하는 이 두 축의 실패로 인한 것이라는 게 미래 역사학자들의, 그리고 저자들의 주장입니다.

먼저 서양 과학은 매우 복잡한 자연 현상인 기후변화를
통합적으로 이해하는 데 실패했습니다. 과학과 기술의
진보가 더뎌서 그런 것이 아니라, 서양 과학이 가진 인식론적
특징에 기인합니다. 예를 들어, 17세기부터 서양 과학은
높은 단계의 문제를 하위 단계 질문으로 쪼개어 탐구하는
환원주의적 접근을 취했으며, 이를 통해 지식의 진보를
이루었습니다. 그러나 이러한 접근 방법으로는 기후변화,
즉 대기와 해류, 태양에너지 등 서로 다른 계들의 거대한
상호작용을 부분적으로만 이해할 수 있었습니다. 극지방
성층권의 오존층 파괴 현상을 연구하던 화학자들이 오랫동안
성층권 구름의 존재조차 모르고 있었다는 사례는 연구의
분야가 극도로 세분화되고 전문화된 서양 과학이 갖는
한계를 여실히 드러냅니다. 그 외에도 신뢰할 수 있는 과학을
판단하는 P-value와 같은 기준들이나 1종 오류(실제 없는 사실을
있다고 하는 오류)를 2종 오류(있는 사실을 없다고 하는 오류)에 비해
훨씬 더 기피해야 할 것으로 여기는 서양 과학의 불문율들은
기후변화의 과학이 신뢰할 수 없는 것처럼 보이게 하거나,
기후변화를 실제보다 축소해서 드러내는 결과를 낳았습니다.

자유시장경제의 잃어버린 자유

저자들이 더 힘주어 비판하는 지점은 자유시장경제의
실패입니다. 미래의 역사가들이 보기에 번영기의 사람들은
자유시장경제가 유일하게 개인의 자유를 침해하지 않는
경제 체제라고 보았습니다. 경제적 자유는 곧 정치적 자유와
연결되어 있으므로, 시장의 자유를 최대한 보장하는 것이
무엇보다도 중요하다는 것이 번영기 인류의 생각이었죠.
이러한 사상은 1970년대 경제가 침체기에 있었던 서방
국가들을 중심으로 신자유주의의 형태로 발전하는데, 결정적
실패는 이 시기에 일어납니다. 오존층의 파괴나 DDT의
생태계 파괴와 같은 시장 실패의 징후가 보임에도 불구하고,
자유시장에 대한 고집을 놓지 못한 것이지요. 기후변화 과학을
부정하는 '의혹 상인' 과학자들은 특히 시장의 자유를 강하게
지지하고 정부 규제 확대를 강하게 반대했습니다. 규제하지
않는 방향으로 정책을 만드는 정부와 규제기관도 예외는
아닙니다. 결국 기후변화 회의론이 계속해서 힘을 얻을 수
있는 것은 자유시장경제를 기본 사상으로 한 서양의 정치,
경제 체제 때문이라는 것이 저자들의 주장입니다.

미래의 역사는 자유에 대한 강조가 결국 자유의 박탈을
불러오는 역설을 보여줍니다. 급격한 해수면 상승 이후 서양의

국가들이 어떠한 효과적인 대응도 하지 못했던 데에 반해, 강력한 중앙집권형 정부를 가진 중국은 빠르게 내륙의 도시를 건설하고 해안 도시의 주민들을 이주시키는, 매우 성공적인 정책을 실행했습니다. 그 결과 중국은 가장 강한 국가가 되었습니다. 미래의 역사가들이 제2 중화인민공화국에 살고 있는 까닭도 여기에 있을 것입니다. 자유를 강조하던 서양 국가들은 절멸했거나, 큰 혼란에 빠져있을 테니까요.

저자들이 '중국'을 택한 것은 중국에게 정치경제적 위협을 느끼고 있는 미국 내 독자들을 겨냥한 일종의 노이즈 마케팅일 것입니다. 왜 하필 중국이냐, 그럼 민주주의가 아닌 강한 중앙권력이 더 나은 정치체제라는 말이냐는 반박이 나오도록 일종의 미끼를 던진 것이 아닐지 추측해 봅니다. 그런데 우리는 2020년 초반 코로나19에 대한 초기 대응과정에서 강한 권력을 동원해 전염병에 매우 빠르게 대응하고 통제하는 중국을 실제로 관찰했습니다. 도시를 봉쇄하고 사람들의 움직임에 제한을 걸었죠. 반면 같은 시기 서양 국가들은 우왕좌왕하는 모습을 보였습니다. 결국 도시봉쇄(lockdown) 조치를 하면서도 사람들의 자유를 어디까지 얼마나 제한해야 할지를 두고 갑론을박이 끊이지 않았습니다. 코로나19가 장기화되면서 강한 공권력을 통한 통제는 일시적으로 효과가 있을 뿐, 지속적일 수 없다는 것 또한 함께 목격했습니다. 저자들은 이 가상의 역사를 통해 중앙집중적 권력 구조가 기후변화 시대에 이상적인 정치 체계라고 주장하는 것이 아니라, 오히려 이것이 피해야 할, 그리고 피할 수 있는 미래라고 이야기하고 있습니다. 파괴적인 기후변화가 초래할 극심한 사회 혼란 속에서도 서양 문명이 옹호하는 자유를 지키기 위해서는 미리 적절한 정부의 개입과 규제가 꼭 필요하다는 것을 강조하는 것이지요.

그럼에도, 과학을 신뢰할 수 있고 신뢰해야 한다

미래의 역사가는 21세기를 사는 인류가 문명의 종말을 향해 나아가고 있다고 이야기합니다. 이대로 가다가는 21세기 끝 무렵 인류는 정말 대몰락을 맞이하게 될지도 모른다고 말이죠. 정말 암울한 메시지가 담긴 골든레코드가 전달된 것 같지 않나요? 그러나 여기에서 우리는 멸망으로 가는 길을 멈출 힌트를 찾을 수 있습니다. 만병통치약 같은 새로운 해법이 짠 나타나는 것이 아니라, 기후변화의 과학을 지지하고 그에 맞춰 적절히 규제를 만들어 시행하는, 고지식하고 느린 방법이야말로 서양 문명을 떠받치는 두 기둥을 더 견고하게 다질 수 있는 방법이라는 것이지요.

한 가지 분명히 해야 할 것은 저자들은 과학을 신뢰해야 한다고 주장한다는 것입니다. 서양 과학은 실패했다고 했는데, 또 과학을 신뢰해야 한다니요? 미래의 역사가들이 진단한 서양 과학의 실패는 곧 기후변화 회의론의 득세를 말합니다. 그러니까 오히려 기후변화의 과학을 더 많이 신뢰해야 하며, 더 적극적으로 정책에 반영해야 한다는 것이지요. 나오미 오레스케스와 에릭 M. 콘웨이는 전작에서부터 이 점을 줄곧 주장해 왔습니다. 기후변화 회의론자들이 내어놓는 과학의 모습을 한 의혹들이 쉽게 정당성을 획득하는 데 비해서, 기후 과학자들이 쌓아 올린 증거들은 그 중요성이나 무게에도 불구하고 충분히 신뢰받지 못한다는 것이에요. 저자들은 서양 과학이 1종 오류에 지나치게 집중했다고 비판합니다. 즉, 없는 사실을 있다고 하는 오류를 방지하고자, 압도적인 양의 증거를 요구하기 때문에 기후 과학이 충분히 신뢰받고 있지 못하다는 거예요.

저자 중 나오미 오레스케스는 최근 『왜 과학을 믿어야 하는가? Why Trust Science?』라는 책을 통해서 이 주장을 더욱 발전시킵니다. 우리는 그 어떤 지식과 사상보다 과학을 믿을 수 있다고 주장합니다. 특히 과학계 다양성이 높아질 때 과학은 더 신뢰할 수 있는 지식이 된다는 점을 강조한 것이 인상 깊었는데요. 조만간 이 책을 소개해보도록 하지요.

아영 씨, 우리 자신을 되돌아보며 시작한 우리의 대화가
어느덧 지구인과 인류에 대한 대화로 확장되는 것이 우연은
아닐 것입니다. 과학책을 읽는 일이 곧 생각의 지평을, 상상의
폭을 넓히는 일이라는 것, 그리고 그것이 이질적이고 다른
존재들과 화해해 나가는 일이라는, 아영 씨의 말이 이 책을
읽으면서도 내내 맴돌았습니다. 그런 의미에서 과학책을 읽는
것은 곧 우리 공동의 미래를 상상하는 일과 맞닿아 있는 것은
아닐까요? 내가 이 책을 읽는 일이 곧 미래 세대와 비인간
존재, 또 기후변화 약자와 화해하는 데 한 걸음을 보탤 수
있기를, 기후변화로 얽힌 지구인이 공존하는 미래를 함께
상상하는 데 우리의 책 읽기가 도움이 되기를 바라봅니다.

1
한국어판에는 '반암흑기'로 번역되었다. 이 글에서는
'반영'이라는 천문학 용어를 그대로 사용했다.

차별은 과학을
약하게 만들어요

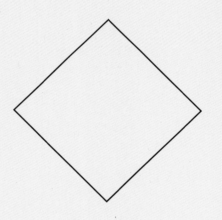

『헨리에타 랙스의 불멸의 삶』
레베카 스클루트 지음, 김정한·김정부 옮김.
문학동네 (2012)

우
아
영

보내주신 글을 읽으면서 옛(?) 생각에 푹 빠져서
즐거웠습니다. 제가 과학 월간지 기자로 일할 때 매달 가장
큰 기사인 소위 '특집' 기사는 새로운 시도를 많이 했거든요.
특집을 맡는 건 정말 애증하는 일이었는데요(즐거웠지만
한편으로 정말 너무나 고됐다…), 통틀어 '기사'라고 불렀지만
사실은 기사 형태가 아닌 경우도 많았어요. 우주여행을
안내하는 브로셔를 제작한 적도 있고, 우주론을 소재로
부루마블 게임판도 만들었죠. 또 뭐가 있었더라, 재밌는 거
진짜 많이 했는데. 그중에 수백, 수천 년 뒤 지구와 우주의 특정
장소의 변화를 예측한 연구 결과를 이용해 쓴 가상의 기사도
있었어요. 나오미 오레스케스와 에릭 M. 콘웨이가 『다가올
역사, 서양 문명의 몰락』을 쓰면서 한 일과 비슷하지 않나요?
물론 과학사학자의 업적이란 월간지 기사와는 비교도 안 될
정도로 엄밀하겠지만, 내심 어찌나 반가웠는지 몰라요. 정말
재밌는 콘셉트다– 하고요.

그러고 보니 〈과학동아〉 기자가 돼야겠다고 생각한 계기가
떠오르네요. 잘 아시다시피 저는 대학원에 가서야 진로
고민을 시작한 경우인데요, 첫 편지에서도 고백했지만 제가
공학자로서 커리어를 이어나갈 수 있을지 스스로 확신이
없었어요. 그러던 중 『헨리에타 랙스의 불멸의 삶』이라는
책을 만나면서 오랜 고민에 종지부를 찍게 됐습니다. 공학을
공부했다고 해서 꼭 공학자가 되라는 법은 없다는 걸
이 책을 통해 처음 알게 됐거든요. 이 책의 저자인 레베카

차별은 과학을
약하게 만들어요

스클루트처럼 과학과 공학의 발전에 기여할 수 있는 대단한
논픽션을, 나도 쓰고 싶다고 생각했죠(원대한 꿈은 아직
이루지 못했지만, 이 책을 소개해준 그 男과는 한집에 사는
사이가 됐죠, 호호).

상념이 길었는데요, 사실 지난 편지를 읽고는 곧바로 이 책이
떠오르긴 했어요. 나오미 오레스케스의 또 다른 책『왜 과학을
믿어야 하는가?(Why Trust Science)』의 "과학계 다양성이 높아질
때 과학은 더 신뢰할 수 있는 지식이 된다"를 언급하신 마지막
문단 때문에요(국내에 아직 번역되지 않았죠? 저는 번역료를
주지 않으면 영어 원서 읽기를 감히 시도하지 않는데, 역시
배우신 분… 짝짝).

세포에 대한 권리는 누구에게 있을까?

과학 저술가인 레베카 스클루트(Rebecca Skloot)는 불멸의
세포주 '헬라(HeLa)세포'에 대해 처음 알게 된 순간부터 그
세포의 주인인 헨리에타 랙스가 누구인지에 대한 의문에

사로잡혔습니다. 하지만 생물학 교과서나 인터넷, 잡지 등을
뒤져보아도 헨리에타 랙스와 가족들의 삶에 대해 자세히
알 수는 없었다고 해요. 그래서 스클루트는 헨리에타 랙스의
직계가족, 친척, 지인, 헬라세포 연구에 연루된 모든 인물들을
추적하고 진실을 밝혀내기 위한 고군분투를 시작했습니다.
이 책은 그 취재 과정을 기록한 논픽션이고요.

헨리에타 랙스는 미국 남부의 한 담배농장에서 여느 노예
조상들처럼 담배농사를 짓던 가난한 흑인 여성이었습니다.
1951년, 그는 이상한 질출혈과 통증을 겪고는 존스홉킨스
병원을 찾아요. 아프리칸 아메리칸에 대한 인종차별이
극심했던 시절, 그나마 최소한의 의료서비스를 기대할 수 있는
유일한 병원이었다고 합니다. 이곳에서 자궁경부암 진단을
받고 방사선치료를 받지만, 4개월 만에 극심한 고통 속에
사망합니다.

하지만 헨리에타의 일부는 여전히 남아 있었어요. 의사가
헨리에타의 환부에서 채취한 암세포였죠.

> "그 시절의 다른 의사들도 그랬듯이, 테린드도 환자들에게
> 알리지도 않고 이들을 임상연구의 대상으로 삼았다. 많은
> 과학자들은 환자들이 일반병동에서 무료로 치료받고 있는
> 만큼 치료비 대신에 그들을 연구대상으로 써도 문제될 것이
> 없다고 믿었다. 심지어 존스는 "홉킨스에는 가난한 흑인

환자들이 넘쳐나서 임상연구 재료가 무궁무진하다"고
썼을 정도였다."(50쪽)

그런데 그 세포가 성장을 멈추지 않고 계속 증식했습니다.
당시엔 과학자들이 인간 세포를 배양하려고 고군분투하고
있던 때였어요. 보통 세포는 배양한 지 며칠, 길어도 몇 주 안에
죽었죠. 하지만 이 암세포는 배양 조건만 맞춰주면 끝없이
번식했어요. 헨리에타 랙스의 성과 이름에서 각각 두 글자씩
따서 '헬라(HeLa)'라고 이름 붙여진 이 세포는 머지않아 전
세계 실험실로 퍼져나갔고, 이후 소아마비 백신, 항암치료제,
에이즈 치료제 개발, 파킨슨병 연구, 시험관 아기의 탄생, 인간
유전자지도 구축 등을 가능케 했습니다.

문제는 헨리에타의 가족이 20여 년이 지나도록 이 세포에
대해 전혀 모르고 있었다는 점이에요. 과학자들이 눈부신
성과와 명예를 얻고, 생명과학 회사들이 헬라세포를 팔아 돈을
버는 동안, 가족들은 헬라세포를 통한 이익을 나눠 받기는커녕
기본적인 의료보험 혜택조차 받지 못한 채 거리와 교도소를
전전했죠. 헨리에타 랙스의 장남 로런스 랙스는 이렇게
한탄합니다.

> "어머닌 세상에서 제일로 중요한 사람이라는데, 가족들은
> 가난에 허덕이고 있잖어. 엄마가 과학에 그렇게 중요하믄
> 왜 우린 의료보험도 없냐구?"(235쪽) 1

◇

랙스 가족의 과거와 현재 이야기는 아프리카계 미국인을 대상으로 한 과학실험의 역사, 생명윤리, 그리고 인간의 몸에서 채취한 신체조직에 대한 조직소유권과 통제권을 둘러싼 논쟁과 밀접하게 얽혀 있습니다. 이 책은 이 모든 분야에서 치열한 논쟁을 불러일으켰죠.

이 책이 출간되고 3년 뒤, 독일 하이델베르크의 유럽분자생물실험실(EMB) 연구팀이 헬라세포의 유전자 염기서열(게놈)을 완전히 분석해 공개하면서 더욱 큰 논란이 일었습니다. 그야말로 과학자들이 아직 정신을 못 차린 것이었죠. 다른 세포주의 공여자가 익명인 데 비해 헨리에타 랙스와 가족들의 신원이 모두 밝혀져 있는 상황에서, 그들이 물려받았을지도 모를 유전적 특성을 노출할 수 있는 헬라세포 게놈을 공개한 건 신중하지 못한 행동이었습니다. 강한 비판에 직면하자, 결국 연구팀은 염기서열 정보를 비공개 처리했어요.

금전적 보상은 2020년이 되어서야 이루어졌습니다. 하워드 휴즈 의학연구소(HHMI)가 2020년 10월 29일(현지 시각) 헨리에타 랙스 재단에 여섯 자리의 기부금을 내기로 했다고 발표했죠. 동의 없이 세포를 실험에 쓴 데 대해 대형 과학연구기관이 재정적 배상을 한 것은 처음입니다. 같은 해 5월 아프리카계 미국인인 조지 플로이드가 백인 경찰에 의해 체포되는 과정에서 질식사한 뒤 "BLACK LIVES MATTER" 운동이 벌어진 데다가, 특히 헨리에타 랙스 탄생 100주년을

맞아 전 세계 의학과 생명과학, 바이오 업계가 헨리에타를
추모하고 있던 때였습니다. 이렇게까지 올 수 있었던 데는
아마도 이 책이 주요한 역할을 했겠죠.

권력이 과학에 대한 신뢰를 떨어뜨린다

500여 쪽에 달하는 분량만큼, 이 책에는 조직소유권이나
사전동의 문제뿐만 아니라 의학 연구에서의 쟁점이 굉장히
다양하게 내포돼 있습니다.

저자인 레베카 스쿨루트와 함께 취재를 다닌, 사실상 이
책의 숨은 주인공이라고 할 수 있는 헨리에타의 딸 데버러
랙스(Deborah Lacks)의 모습을 머릿속에 그려가면서, 랙스
가족들이 겪은 고통은 의학과 과학에 내포된 권력 문제
때문이었다고 생각했습니다. 오랜 시간 전문가로 훈련받은
의사와 과학자가 하는 일이란, 권력자의 일이 되기 쉽죠.
환자처럼 의학을 전공하지 않은 사람을 대상으로 이야기할
때 전문용어를 순화하지 않고 말하는 습관도 예가 될 수 있을

거고요, 의과학의 발전이라는 거대한 비전에 매몰된 나머지
개개인의 존엄성을 해치는 사례도 많았습니다.

데버러 랙스는 금전적 배상을 받는 것을 비롯해 의학 연구윤리
논쟁에는 크게 관심이 없었던 것 같아요. 외려 그녀가
궁금했던 건 가령 이런 것들이었습니다. "엄마의 세포가
살아있다고 하고 핵폭탄 실험에 함께 터지고 우주에도 갔다고
하는데, 혹여나 엄마가 그런 고통을 다 겪는" 건 아닌지,
"엄마가 자궁경부암으로 죽었는데 자신도 서른 살이 되면
암이 생기는" 건 아닌지, 심지어 그녀는 헬라세포가 전부
암세포라는 사실조차도 몰랐죠. 아마 처음엔 세포라는 단어도
무슨 뜻인지 몰랐을 거예요. 그 수십 년의 세월 동안 데버러를
비롯한 가족들의 이런 궁금증에 누구도 답을 해주지 않았던
거죠.

훗날 헬라세포 오염 문제를 해결하기 위해 가족들의 혈액을
채취하고자 했을 때 과학자들의 태도도 마찬가지였어요.
1973년, 헬라세포가 다른 배양세포를 오염시키고 있다는
문제가 제기됐고, 헨리에타 직계가족의 유전자 샘플을
통해 헨리에타에게만 있는 특유한 유전표식자를 찾아내
헬라세포에 오염된 것과 그렇지 않은 것을 구분할 수
있을 거라는 아이디어가 나왔습니다. 그 자리에 있던 빅터
매쿠식(Victor McKusick) 박사(헨리에타의 이름을 제일 먼저 공개했던
과학자들 중 하나)는 동행했던 박사후과정 연구원인 수전 수(Susan

Sue)에게 헨리에타의 가족들에게 전화해보라고 지시했어요.
그래서 수는 전화를 걸었고, 이렇게 말했다고 합니다.

> "우리는 HLA항원을 얻으려고 피 뽑으러 가요. 우리는
> 자녀들과 남편으로부터 많은 헨리에타 랙스 유전자형을
> 추론할 수 있기 때문에 유전표식자 프로파일을
> 합니다."(253쪽)

정말 놀랍지 않나요? 전화를 받은 헨리에타의 남편 데이도
아마 이 말들을 전혀 이해하지 못했을 겁니다. 그리고 의사의
말을 이해하지 못했을 때 으레 하던 대로 했을 거예요. 그저
고개를 끄덕이면서 "예"라고 하는 거요. 훗날 가족들은 이
검사가 암 검사인 줄 알았다고 합니다. 당연히 검사 결과
따위는 나오지 않았고, 데버러는 속이 타들어갈 뿐이었죠.

저와 같은 비전문가는 전문가들이 하는 일에 통제력을
행사하기 어렵습니다. 예컨대, 연구에 내 조직을 이용하는
것에 대해 사전동의 절차가 있다고는 하지만, 어떤 식의
동의가 진정으로 자발적인 동의인지 정의하기도, 실천하기도
쉽지 않죠. 하물며 사전동의 절차는커녕, 인체를 함부로
실험에 이용하면 안 된다는 인식조차 희미했던 과거에는
어땠겠어요.

여담인데요, 몇 년 전에 이런 취재를 한 적이 있어요. 여성과

◇

남성의 심장마비 전조 증상이 다른데, 여성의 심장 연구가 남성의 심장만큼 많이 되어있지 않아 여성들이 생존 기회를 놓친다는 내용이었죠. 그때 만난 한 의사가 "여자 환자들은 깐깐하게 굴며 동의를 해 주지 않아 연구가 어렵다. 그 결과로 현세대 여성들이 고통받고 있는 것"이란 취지의 발언을 했죠. 그때 제가 얼마나 놀랐을지 상상이 가시나요?

나와 내 가족의 몸과 세포에 대한 마땅한 권리를 행사하지 못하는 건 비단 과거 속 흘러간 문제가 아닙니다. 여전히 전 세계 연구실과 병원에서는 의사(과학자)와 환자(피험자), 남성 의사와 비남성 환자, 백인 의사와 비백인 환자 간에 권력관계가 존재하고, 그런 관계가 아닐 때보다 진단을 늦게 받아 치료 시기를 놓치거나, 또는 충분한 설명 없이 장기이식 수술이나 과학 연구 등에 동원되기도 합니다.

지난 편지글에서 기후과학을 신뢰할 수 없게 만든 원인 중 하나로 서양과학의 방법론 문제를 들어 주셨는데요, 신뢰도에 영향을 끼치는 게 당연히 그 요인 하나만은 아닐 겁니다. 이와 관련해서 헨리에타 랙스가 아주 많은 이야기를 해 주고 있죠. 랙스 가족, 특히 데버러는 과학자와 의사들에게 뿌리 깊은 불신이 있는 듯 무척 미심쩍고 공격적인 모습을 보였습니다. 그런 그가 과학을 신뢰하길 바라는 건 분명 무리겠죠.

좋았든 나빴든, 역사에 남아야 할

이 책에서 제 눈을 잡아끈 부분이 한 가지 더 있는데요.
본문이 시작되기 전 책의 앞부분에는 헨리에타 랙스를 비롯해
그녀의 가족들, 헨리에타가 자란 집터, 당시 흑인들이 일했던
용광로와 담배 경매시장, 헨리에타의 종양을 진단한 의사와
헬라세포를 배양한 과학자들의 사진이 실려 있는데,2 유심히
둘러보다가 특이한 점을 발견했어요. 마치 과학 역사의 숨은
주역을 찾는 최근의 여성과학자 시리즈처럼 여성들의 사진이
많다는 점이었죠. 일반 논문이나 역사서, 과학책이었다면
헬라세포를 최초로 배양한 조지 가이 박사, 헨리에타 랙스의
신원을 밝힌 과학자 중 한 명인 빅터 매쿠식 박사 등 남성
과학자의 이름만이 적혀 있었을 거예요. 하지만 레베카
스쿨루트는 헬라세포에 관한 한 그야말로 모든 것을 무려
10년 동안의 취재를 통해 책에 담았어요. 그 과정에서 주로
실험 기사로 활동했던 여성들의 이름이 담긴 거죠. 보기
드물게 끈질기고도 집요한 취재 결과물에서 우연히 나온
추가적인 성과(?)라고 제 마음대로 이름 붙여보려고 합니다.

가장 먼저, 마거릿 가이와 실험기사 미니. 당시 세포배양에서
가장 큰 문제는 세균 오염이었어요. 박테리아나 다른
미생물들은 사람의 손이나 호흡, 공기 중에 떠다니는 먼지

등을 통해 배양 중인 세포를 감염시키고, 결국 죽게 하죠.
그러나 마거릿은 환자들의 감염을 방지하는 것이 주요
업무 중 하나였던 수술실 간호사였고, 무균처치는 그녀의
전문 분야였습니다. 나중에 많은 사람들은 가이의 실험실이
세포배양에 성공할 수 있었던 것은 전적으로 마거릿의 수술실
경력 덕분이었다고 말하기도 했습니다.

> "대부분의 세포배양 연구원들은 가이처럼 생물학자였기
> 때문에 세균 오염을 예방하는 방법에 대해서는
> 문외한이었다. (⋯) 실험실의 유리기구를 세척하는 일을
> 전담시키기 위해 미니라는 여자를 고용했다."(59-60쪽)

또, 헬라세포를 배양한 장본인은 당시 스물한 살이었던 조지
가이 실험실의 연구보조원 메리 쿠비체크였어요. 그녀는 각
시험관의 옆면에다 크고 검은 글씨로 Henrietta Lacks에서
첫 두 글자씩을 따서 'HeLa'라고 써넣었죠. 훗날 메리는 이렇게
회상했습니다.

> "그 발톱을 보았을 때 거의 기절할 뻔했어요. 생각했죠.
> 어머나, 정말 사람이구나. 나는 헨리에타가 욕실에 앉아
> 발톱에 정성껏 매니큐어를 바르는 모습을 상상하기
> 시작했어요. 바로 그때 우리가 지금껏 배양해서 전 세계로
> 보낸 그 세포들이 살아 숨쉬는 한 여자한테서 온 거란
> 걸 처음으로 깨달았어요. 한 번도 그런 식으로 생각하진

않았거든요."(132쪽)

연실 씨도 아마 떠올리셨을 것 같은데, 이 책을 읽으며 황우석 사건이 자꾸 떠올랐습니다. 논문 조작으로 시작해 불법 매매 난자까지 드러난 사건이었죠. 태풍이 부는 것만 같았던 2005년 겨울 그때 황우석 전 교수가 한 말이 무척 인상 깊게 남아 있습니다. "언론이 과학을 검증하려고 하느냐"고요. 하지만 이러한 시도가 모여서, 그리고 그걸 읽는 사람들이 모여서 한 발짝 더 나아가왔던 것 아닐까요. 과학도, 우리도.

1
2012년에 문학동네에서 출간한 책에서 전라도 사투리로 번역한 헨리에타 가족들의 아프리칸 아메리칸 말씨가 2023년에 꿈꿀자유에서 출간한 책에서는 전부 표준어로 개정됐다.

2
개정판에는 이 사진들이 실리지 않았다.

모든 차별은 닮아있고,
또 연결되어 있지요

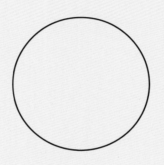

『인종주의에 물든 과학』
조너선 마크스 지음, 고현석 옮김.
이음 (2017)

강연실

차별이 과학을 약하게 한다는 말, 동의하지 않을 수 없습니다. 코로나19는 차별의 경험이 과학에 대한 신뢰를 낮춘 대표적인 사례로 역사에 남을 것이라고 생각합니다. 특히 미국에서는 헨리에타 랙스와 같은 경험들이 쌓여서 의료체계에 대한 유색인종들의 불신이 높았습니다. 2022년 6월 발표된 미국 질병관리청(CDC)의 보고에 의하면, 아시아인과 백인이 높은 백신 접종률을 보인 것에 비해서 히스패닉, 흑인, 아메리카 및 알래스카 원주민 등의 집단이 백신 접종을 주저했다고 합니다. 모든 미국인들에게 백신 접종이 가능했던 2021년 4월을 기준으로 보면 아시아인과 백인이 각각 69.6%와 59%의 접종률을 보였지만, 다른 집단들은 50% 이하의 접종률을 보인 것이지요. 다행히 2021년 11월이 되어서는 인종 간 접종률에 통계적으로 의미있는 차이가 없었다고 합니다.[1] 하지만, 미국에서 아시아인을 제외한 유색인종 집단이 백신 접종을 주저했다는 점은 시사하는 바가 크다고 생각합니다.

아영 씨, 한국인으로 자란 우리는 어릴 때부터 인종이라는 개념을 문제없이 받아들이며 자라온 것 같습니다. 백인, 황인, 흑인의 피부색 구분도 그렇고, 한국인, 일본인, 유럽인처럼 지리적 위치, 국가, 인류학적 분류가 혼합된 구분도 꽤나 자연스럽게 받아들이지요. 인종 구성이 비교적 복잡하지 않은 우리나라에서는 인종을 아주 거칠게 구분해도 크게 문제가 되지 않는 듯합니다만, 미국과 같은 나라에서는 이 구분 자체가 매우 첨예한 논쟁의 대상이 되기도 합니다. 앞에서

모든 차별은 닮아있고,
또 연결되어 있지요

소개했던 코로나19 백신 접종에 관한 보고서만 해도, 그 인종 구분을 매우 복잡하게 나누고 있어요. 히스패닉이 아닌 백인, 아시아인, 흑인 혹은 아프리카계 미국인, 히스패닉, 아메리카 원주민, 알래스카 원주민 등으로 구분하고 있습니다. 저는 2020년에 미국에서 지내면서 10년마다 이뤄지는 인구조사에 참여하게 되었어요. 당시 인종 구분 항목에 대답하며 매우 흥미로웠는데요, 그 구분이 일관되지 않다고 느꼈기 때문이에요. '아시아인'은 민족적 다양성에도 불구하고 한 집단으로 묶이는 반면, '흑인 혹은 아프리카계 미국인'은 피부색이 우선적으로 기준이 되는 기준을 사용하고 있습니다. '백인' 역시 유럽, 중동, 그리고 북아프리카에 뿌리를 두고 있는 여러 민족들을 피부색으로만 구분하여 활용하고 있습니다. 이것만 보더라도 '인종'의 개념이 생각보다 덜 직관적이고, 생각보다 더 복잡하다는 것을 알 수 있습니다.

과학이 만들어 낸 '인종'이라는 개념

생물인류학자 조너선 마크스(Johnathan Marks)가 쓴

『인종주의에 물든 과학』은 인간종의 하위 분류로서
'인종'이라는, 과학적이고 자연적인 개념을 만들어내고자
했던 과학의 역사를 조망합니다. 그 과정에서 마크스는 자연-
문화의 이분법 오류, 근대과학 전통에서 실증의 문제, 과학의
상업화, 과학과 정치의 경계 등 굵직한 철학적 주제들을
다루고 있습니다. 크게 보자면, 결국 이 책은 인종문제를
주제로 과학의 속성에 대해 탐구한 셈이지요. 마크스는
이 책에서 생물학적 분류로서 인종 개념은 실재하지 않는,
과학의 역사에서 만들어진 개념이라고 단호하게 주장합니다.
그렇다고 해서 인종이 실체가 없다는 것은 아닙니다.
인종은 "관찰 가능한 생물학적 차이"와 "분류 가능한 문화적
인지 과정"이라는 서로 다른 구성 요소들이 혼합되어
만들어진 "생물문화적 화합물"이라는 것이지요(54쪽). 즉,
"인종은 단순히 자연의 산물이라기보다는 "자연/문화"의
산물로 이해하는 것이 더 바람직하다"는 게 마크스의
주장입니다(35쪽).

저자가 가장 경계하는 것은 서로 다른 인간 집단 간 차이들을
인종의 차이, 즉 생물학적 차이로 쉽게 환원시켜서 설명하려는
시도들입니다. 사실 이런 차이들은 생물학적 요인뿐 아니라
사회, 정치, 경제, 문화적 요인들이 복잡하게 얽혀 드러나게
되지요. 그런데 이런 시도들은 역사적으로 반복되어 왔습니다.
예를 들면, 19세기 말과 20세기 초 과학자들은 빈곤과
불평등의 원인을 특정 인구 집단들의 생물학적 특성에서

모든 차별은 닮아있고,
또 연결되어 있지요

찾고자 했습니다. 이성적이지 못하거나, 지적 능력이 떨어지는 등 생물학적으로 빈곤하거나 억압받을 수밖에 없는 특성을 타고났음을 보이려고 노력한 것이죠. 이에 따르면 다양한 사회적 불평등은 생물학적 특성과 능력에 따른 '자연스러운' 것이 됩니다. 유전체학의 발전과 함께 이러한 생각은 생물학적으로 열등한 특성이 후대로 유전되며, 따라서 이들을 도태시키는 것이 사회 전체에 이득이라는 우생학적 주장으로 이어지게 되지요.

현대의 유전학과 유전공학은 어떨까요? 나날이 발전하고 있는 유전공학 기술은 이러한 인간 집단 간의 차이를 인종과 유전자의 문제로 환원하려는 경향을 이어받고 있습니다. 특히 기술의 상업화가 가속화되면서 이러한 경향이 더욱 두드러지고 있습니다. 대표적으로 '23andMe'와 같은 서비스는 개인의 유전자 샘플을 분석해서 질병에 대한 위험도와 혈통에 대한 정보를 제공합니다. 그러니까 "알고 보니 한국인 유전자가 40퍼센트가량밖에 되지 않아 충격이었다"는 후기들은 이러한 상업적 유전자 분석 서비스를 이용한 것이지요. 마크스는 이러한 "혈통의 상업화"가 분석의 정확성보다는 흥미로운 이야기를 들려주는 시장성에 더 초점을 두고 있기 때문에, 이러한 기업들이 제공하는 데이터에 지나치게 의미를 부여하는 것은 경계해야 한다고 강조합니다.

현대 과학은 인종주의적일까?

마크스는 엄밀하게 잘 수행된 연구의 결과로서 과학 지식은 인종주의적일 수 없다는 입장입니다. 마지막 장에서는 인간 집단에 대한 '옳은' 과학적 지식을 열 가지로 추려냄으로써, 인종주의적이지 않으면서 인종을 이해하는 과학의 모습을 제시합니다. 이것을 더 간단히 요약해 보면 이렇습니다. 첫째, 인간종의 하위 분류로서 '인종'은 생물학적으로 성립하지 않으나, 생물학적 차이를 보이는 '인구 집단(population)'은 성립한다. 따라서 과학 연구는 인종본질주의(racialism)의 오류를 저지르지 않으면서도 서로 다른 인간 집단의 차이를 설명할 수 있다. 둘째, 인간의 집단은 주로 문화적으로 구분되며, 이 기준은 임의적이다. 셋째, 다르게 분류되는 인간 집단 간 유전적 차이는 크지 않다. 넷째, 인종 분류와 인종 문제는 사회, 정치, 경제적인 현상이다.

한편 그에게 과학'계'는 인종주의적입니다. "인종주의적인 아이디어를 제기하는 과학자들이 생존하고, 그런 그들이 제도적으로 잘 나가도록 허용"하기 때문입니다(13쪽). 예를 들어, 우생학적 연구, 인종차별주의자, 그리고 급진 유전주의 심리학자들의 연구를 지원해 온 파이어니어 기금(The Pioneer Fund)의 이사장을 지냈던 심리학자 J. 필립

모든 차별은 닮아있고,
또 연결되어 있지요

거슈턴의 연구는 여전히 학술지나 일반 과학 기사에 인용되고
있습니다. 또, DNA 이중나선 구조를 발견한 과학자 중
한 명인 제임스 왓슨은 피부색과 성적 욕구에 상관관계가
있다거나, 아프리카인이 지능이 낮다는 명백한 인종주의적
발언들을 한 화려한 전력을 뽐내고 있음에도 여전히 과학계
권위자로 대접받고 있지요. 이러한 사실들은 과학계가
인종주의에 지나치게 관대하다는 점을 잘 보여주고 있습니다.
거슈턴이나 왓슨과 같이 인종주의적 견해가 드러난 과학자의
연구는(그것이 인종과 직접 관계가 없다고 하더라도)
적극적으로 인용을 거부하는 등, 과학계 내에서 명백한
불이익이 주어져야 한다는 것이 마크스의 입장입니다.

최근 몇 년의 경험을 본다면, 인종주의에 대한 사회 전반의
태도는 과학계의 인종주의적 관점에도 강하게 영향을
끼칩니다. 저는 한국에서 계속 살았기 때문에 인종문제를
경험할 일이 적었지만, 미국에서 지내던 2020년 저의
피부색을 의식하는 경험을 했습니다. 코로나19 초기
미국에서는 거리나 공공장소에서 동양인들을 향한
인종차별적 폭언과 폭력이 빈번하게 발생했습니다. 트럼프
대통령의 반이민 정책의 영향으로 이민자들에게 적대감이
높아지는 가운데, 전염병을 몰고 온 아시아인은 너희 나라로
돌아가라는 것이었죠. 저는 태어나서 처음으로 명백히
동양인인 저의 외모를 의식했고, 길에서 주변을 경계하기도
했습니다. 마스크를 쓴다는 이유로 폭력이 대상이 되지

않을지 걱정하기도 했고요. 당시 WHO는 마스크를 쓰는 데
회의적이었고, 아시아인들만이 독감이나 사스(SARS), 미세먼지
같은 그간의 경험을 바탕으로 마스크를 챙기고 있었습니다.

또, 경찰이 흑인 남성 조지 플로이드(George Floyd)를
무자비하게 진압하는 영상이 공개된 이후 거센 인종주의 반대
시위가 일어나기도 했습니다. 연달아 흑인에 대한 폭력 사건이
터지자, 미국 주요 도시에서는 수많은 인파가 거리에 모여
"흑인의 목숨도 중요하다(Black Lives Matter)"는 구호를 외치는
시위를 하기도 했습니다. 코로나19로 봉쇄령이 내려졌는데도
말이죠. 저도 거대한 시위 행렬에 참여했습니다. 밤새 방화와
약탈이 휩쓸고 간 도심을 두 눈으로 봤고, 자발적으로
청소도구를 챙겨 나와 깨진 유리를 치우고 래커로 쓰여진
낙서를 지우는 시민들 사이에서 일손을 돕기도 했습니다.

이러한 거대한 움직임을 통해 미국 사회는 인종주의에 대한
자각과 반성, 구조적 변화를 다짐하는 목소리가 커졌고,
과학계도 예외는 아니었습니다. 유수의 과학잡지들도 과학계
인종주의에 대한 논평을 내어놓았습니다. 가장 권위있는
생명공학 잡지 중 하나인 〈셀〉(Cell) 지는 2020년 6월 "과학은
인종주의 문제를 갖고있다"는 논평을 통해 과학계 인종주의
문제에 대해 자성의 목소리를 낸 바 있습니다. 이 논평에서
편집위는 인종은 유전학적으로 성립하지 않는 개념이라는
점을 다시 한번 확인하는 동시에 생물학계의 구조적 인종주의

문제로 크게 두 가지를 지적했습니다.

첫 번째로 흑인 연구자들의 대표성 문제입니다. 편집위는 13명의 과학자로 구성되어 있으나, "우리 중 누구도 흑인이 아니다"라고 고백하며 이 논평을 시작하고 있습니다. 과학계 전반에서 흑인은 수적으로 절대적인 소수일 뿐 아니라, 정교수직이나 과학계 주요 의사 결정권을 가진 자리에서 배제되어 있습니다. 〈셀〉의 편집위는 이 논평에서 연구 출판이나 업적 평가 및 시상, 학술지 운영과 심사 과정과 같이 주요 의사 결정 과정에 흑인 연구자들의 목소리를 더 잘 반영하겠다고 다짐했습니다.

두 번째는 인간을 연구할 때 드러나는 인종주의 문제입니다. 아영 씨가 소개한 헨리에타 랙스의 사례가 대표적이겠지요. 흑인 남성들을 대상으로 매독의 자연적인 경과를 연구한다는 명목으로 치료적 개입을 하지 않았던 터스키기 매독 실험 또한 대표적인 인종주의적 생물학 연구 사례이지요(이 사건이 계기가 되어 인간대상 연구에 대한 윤리적 측면을 사전에 심의하는 연구윤리심의위원회(IRB Institutional Review Board 제도가 생겨났습니다). 이처럼 생물학의 역사에서 흑인과 원주민 등은 동의 없이 비윤리적 과학 실험의 대상이 되었습니다. 이성과 과학을 앞세운 과학자들은 환자의 동의 없이 실험을 진행하거나 질병과 치료에 대한 정보를 제대로 전달하지 않음으로써 치료를 받을 권리를 박탈하였습니다.

이러한 윤리적 문제와 함께, 〈셀〉 편집위는 우리가 보유한 과학 데이터의 상당 부분이 백인의 몸에 기반한 것임을 지적합니다. 즉, 인류가 보유하고 있는 과학 지식은 인종 편향적으로 형성된 것이지요. 이는 각각의 과학연구가 엄밀하고 윤리적으로 수행되었다고 하더라도, 그것들이 모여 집합적으로 만들어내는 지식의 지형은 인종주의적일 수 있음을 시사합니다.

한국사회와 한국과학계는 왜 인종주의 문제에 관심을 가져야 하는가

제가 한 가지 지적하고 싶은 것은 이 논평이 꼽는 과학과 인종주의의 문제가 과학과 성차별 문제와 너무나 닮아있다는 점입니다. 과학계 정년 교수 중 여성의 비중은 현저히 낮고, 업적에 대한 평가나 학술지 운영 등에 여성 과학자의 목소리는 상대적으로 찾아보기 힘듭니다. 또, 의약품 임상실험이나 자동차 디자인, 실내온도 규정 등은 남성의 몸을 표준으로

모든 차별은 닮아있고, 또 연결되어 있지요

삼고 있지요. 그러므로 과학과 차별의 문제는 함께 고민되어야
한다고 생각해요.

한국인으로서 한국 사회에 사는 사람들에게 인종 문제는
비교적 중요하지 않게 여겨집니다(한국 사회도 꽤 다인종
사회가 되었음에도 말이죠). 미국 내에서 반인종주의 시위가
일어났을 때 한국인들이 보인 냉소적인 반응이 적지 않다는
데서 꽤나 놀랐습니다. 미국 내에서도 일부 아시아인들은
"Black Lives Matter" 운동에 우호적이지 않았죠. 아시아인도
역시 노골적인 인종차별의 대상이 되어 왔고, 흑인들 역시
아시아인들을 차별했으니까요. 그렇지만 모든 차별은
닮아있고, 또 연결되어 있습니다. 우리가 살펴본 성차별과
인종차별이 닮아있는 것처럼요. 그러니 우리도 지금보다 더
인종주의 문제에 관심을 가져야 하지 않을까요?

1
Kriss JL, Hung M, Srivastav A, et al. COVID-19
Vaccination Coverage, by Race and Ethnicity
— National Immunization Survey Adult COVID
Module, United States, December 2020–November
2021. *MMWR Morb Mortal Wkly Rep* 2022;71:757–
763.

과학의 본질이란,
과학하는 태도란
무엇일까요?

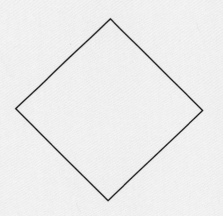

『탄생의 과학 –
  하나의 세포가 인간이 되기까지
  편견을 뒤집는 발생학 강의』
  최영은 지음.
  웅진지식하우스 (2019)

우
아
영

"각각의 과학연구가 엄밀하고 윤리적으로 수행되었다고 하더라도, 그것들이 모여 집합적으로 만들어내는 지식의 지형은 인종주의적일 수 있음을 시사"한다는 문장을 읽고 소름이 돋았습니다. 어제보다 나은 방향으로 나아가고 싶다면, 도대체 얼마만큼의 예리함과 반동력이 필요한 걸까요.

큰 틀의 지식 체계, 지형을 이야기하자면, 저는 교과서가 떠오르곤 해요. 어떻게 보면 되게 작위적으로 선택한 지식 체계잖아요. 수년 전에 과학 교과서 편집자들을 만나 인터뷰한 적이 있어요. 어떤 과학교육 연구자들은 교과서가 전혀 중립적이지 않다고 주장해왔기 때문이었죠. 중립적이긴커녕 젠더, 인종, 연령 면에서 상당히 편향돼 있다는 것이었습니다. 당시 만난 편집자들은 "교수들이 교과서를 집필할 때 엄격한 집필 기준을 따르기 때문에 편향적이기 어렵다"고 주장하면서, 그 근거로 이런 이야기를 들려줬습니다.

> "교과서는 모든 평가의 기준이 되기 때문에 무엇 하나라도 논쟁의 여지가 있거나 판단을 보류하게 하는 내용을 담을 수 없어요. 주관은 더더욱 안되고요. '예쁜 꽃' 같은 형용사도 안 되는걸요. 무조건 '고루하게' 써야 해요. 나온 지 너무 오래되어서 반박의 여지가 없는 '사실'들요."

'과학을 어떻게 가르쳐야 하는가'라는 의문

그 말이 이해가 가지 않는 건 아니었어요. 과학을 처음 배우는 학생들에게 이 거대한 거인의 모습을 모두 보여줄 수는 없는 노릇이니까요. 반박의 여지가 있거나 현재 논쟁의 중심에 있는 최신 과학을 가르칠 수는 없겠죠.

하지만 가만히 되새겨보면 그건 그 자체로 누군가(아마도 과학교육 전문가 집단)의 주관이 개입되는 일이기도 해요. "지금껏 인류가 쌓아온 방대한 과학적 지식 가운데 어떤 것을 '골라서' 정규교육과정이라는 '한정된 시간' 안에 전달할 것인가"라는 문제로 이어지기 때문이죠.

새로운 발견을 추구하는 과학은 하루가 다르게 변하는 분야죠. 그래서 지금 가르치고 있는 과학적 사실이 나중에 사실이 아니게 될 가능성도 있고요. 그렇다면 학생들에게 과학적 지식뿐만 아니라, 이러한 과학의 본질도 알려줄 필요가 있는 건 아닐까, 하는 생각을 그때 해봤어요. 학교 안에서 가르치는 '고루한' 과학적 지식은 완성된 지식이 아니므로 좋은 시민을 키우려면 과거의 지식을 의심하고 새로운 지식을 탐구하는 '과학 하는 태도'를 말해줄 필요가 있겠다는 생각이 들었죠.

◇

그리고 2020년, 그 과학 교과서에 대해 다시 생각하게 된
계기가 있었어요. 당시 연초부터 전국을 떠들썩하게 만든
주제는 다름 아닌 '트랜스젠더'였는데요. 트랜스젠더 A씨가
한 여대에 합격해 등록을 앞둔 상태였는데, 재학생들의
반대에 부딪혀 결국 스스로 등록을 포기했습니다. 그리고
지금은 세상을 떠난 故 변희수 하사가 성전환 수술을 받은
뒤 강제 전역 명령을 받았던 때이기도 하죠. 당시 변 하사는
여군으로 계속 복무하고 싶다는 뜻을 밝혔으나, 받아들여지지
않았습니다.

그때 제가 놀랐던 건 SNS에서 형성된 여론의 내용이었어요.
트랜스젠더 여성을 절대 여성으로 받아들일 수 없다고
주장하는 사람들이 그 근거로 '과학적 사실'을 댔죠.
이를테면, 염색체가 XY인 사람이 남성, 염색체가 XX인
사람이 여성이라는 게 이미 과학적으로 밝혀진 '사실'인데,
어째서 성기의 겉모습만 바꾸었다고 여성이 될 수 있느냐는
것이었습니다.

연실 씨도 아마 잘 아시겠지만, 과학 콘텐츠를 만드는
사람들은 대중이 과학에 관심이 없다는 한탄을 많이 해요.
아무리 열심히 만들어도 다른 분야 콘텐츠에 비해 소비하는
사람이 10분의 1, 아니 100분의 1에 불과하다고들 하죠. 과학
콘텐츠를 사람들이 보게 하려면, 겉표지에서 '과학'이라는
단어를 일단 떼어야 한다는 이야기도 종종 합니다.

그런데 과학을 좋아하는 사람으로서 저는, 사람들이 과학을 몰라도 되는 것으로 취급할 때만큼이나 과학을 오독하고 과학을 이용하려 들 때 몹시 슬픈 기분이 되고는 해요. 어느 학문에서든 비전공자가 학계 최전선에서 논쟁의 대상이 되고 있는 연구 결과를 정답처럼 오독하는 일은 흔히 벌어지지만, 과학은 불변의 진리처럼 여겨지는 경우가 많아요. 그렇기에 언론과 대중이 과학을 오독할 때 사회에 끼치는 해악은 파급력이 더 큰 것 같거든요.

XX는 여자, XY는 남자?

잠깐, 성별과 염색체 이야기를 해 볼까요. 그리스의 철학자 아리스토텔레스는 남자가 활력 있는 정액을 만들어내지 못하면 딸을 낳는다고 주장했습니다. 불과 100년 전만 해도 사람들은 엄마의 영양 상태 같은 환경적 요인이 태아의 성별을 결정한다고 믿었죠. 하지만 현미경이 발달하면서 여자에게는 2개의 X염색체가, 남자에게는 하나의 X염색체와 하나의 Y염색체가 있다는 것이 밝혀지자 과학자들은 이를 토대로

◇

여러 가설을 세웠습니다.

첫 번째 가설은 X염색체 수가 하나면 남자, 둘이면 여자라는
것. 하지만 X염색체가 하나만 있어도 Y염색체가 없으면
여성으로 발달(XO여성)한다는 사실이 밝혀져 이 가설은
기각됐습니다. 두 번째는 X염색체와 Y염색체의 비율이
1대 1이면 남성이라는 것. 그러나 XXY, XXXY 모두 남성으로
발달한다는 사실이 알려지며 이것도 탈락됐죠. 이 과정에서
과학자들은 생물학적 성별을 결정하는 핵심이 Y염색체에
있다는 걸 알게 되면서 Y염색체가 있으면 남성, Y염색체가
없으면 여성이라고 결론 내렸습니다. 여기까지가 우리가
흔히 아는 XX는 여자, XY는 남자라는 공식이 나오게 된
배경이에요.

그러나 여기에도 예외가 있었습니다. Y염색체가 버젓이
있는데도 여성으로 발달하는 케이스가 발견된 거예요. XX인
남성도 발견됐죠. 연구 결과 특정 유전자(SRY, Foxl2)들이
성별을 결정하는 역할을 한다는 사실이 밝혀졌어요. 더 놀라운
건, 성 결정 기작이 평생 작동한다는 겁니다. 다 자란 암컷
쥐에서 여성 결정 유전자 중 하나를 지웠더니 난소 세포가
고환 세포로 변했습니다.

이상은 『탄생의 과학』 3장 '학교에서 배우다 만 유전자'에
나오는 내용이에요(71-79쪽). 미국 조지타운대 생물학과

소속으로 학부생들에게 발생학과 유전학 등을 가르치는
최영은 교수가 〈과학동아〉에 '강의실 밖 발생학 강의'라는
제목으로 연재한 원고에 살을 더해 엮은 책입니다.

기본적으로는 발생학을 일반인에게 쉽게 풀어서 설명해주는
대중 교양서이지만, 저자가 프롤로그에서도 직접 밝히고 있듯
이 책은 "독자들이 전문 과학 용어를 완전히 이해하고 배아의
발달 과정을 막힘없이 나열하는 것이 최종 목표는 아니"에요.
오히려 "과학은 질문이 이끌고 나가는, 그래서 질문하는
즐거움이 있는 학문이라는 것"을 알리려고 부단히 노력한
흔적이 책 곳곳에서 발견되죠.

최신 줄기세포 기술, 후생유전학, 성인지의학, 의료윤리,
실험윤리 등 최근 발생학계와 의과학에서 중요하게 다뤄지는
개념들을 설명하면서 저자는 단순히 최신 지식을 전달하는
것에 멈추지 않습니다. 앞의 염색체 이야기에서 알 수 있듯
가설이 세워지고 성립되거나 기각되는 과정을 자세하고
친절하게 설명한다는 게 특징이에요. 요컨대 과학이란 사실을
밝히는 학문이지만 고정돼 멈춰 있는 지식이 아니라, 끊임없이
과거의 지식을 의심하고 새로운 지식을 탐구하는 것이 과학의
본질이라는 이야기를 전해줍니다.

거기서 한 단계 더 나아가, 과학을 어떻게 읽어내야 하는지
적극적으로 의견을 개진해요. "과학은 (중략) 단순히 지적

호기심을 채우는 데 그치지 않고 우리의 생각을, 그리고
일상의 풍경을 바꾸기도" 한다며, "과학의 목표란 '점진적으로
편견을 없애는 것'이라던 물리학자 닐스 보어의 말이 그 어느
때보다 무겁고 깊이 있게 다가"온다고 말하죠(31쪽).

그러니 과학을 근거로 누군가를 혐오하거나 배제하고자 할
때는 반드시 재고해봐야 한다는 이야기를 하고 싶습니다.
오늘의 과학적 사실이란 내일의 사실이 아닐 수 있고,
차별하려는 목적으로 개진한 말에는 당위마저 없을 테니까요.

성이 유동적인 것일 때

이 책에는 "학문이 제 기능을 하려면 울타리 바깥으로 나가서
대중과 소통해야 한다"는 추천사에 걸맞은 저자의 의지가
아주 분명하게 담겨 있어요. 트랜스젠더와 관련한 여론을
보면서 정규 과학교육 과정이 해온 (그리고 할 수 있는)
영역과 학교 밖에서 과학자와 과학 커뮤니케이터가 해야
할 역할을 고심하게 된 입장에서, 이 책이 더욱 소중하게

과학의 본질이란,
과학하는 태도란
무엇일까요?

느껴지는 이유입니다.

서평을 쓰면서 하지 말아야 할 일 중 하나가 책 본문 인용으로 분량을 채우는 것인데, 이번만큼은『탄생의 과학』한 페이지를 길게 인용하면서 마치려고 해요. 너무 소중해서 모두가 읽었으면 좋겠거든요. 3장 '학교에서 배우다 만 유전자' 중 소제목 '내 안의 다른 성'을 마치는 단락입니다(79쪽).

> "지난 학기에 학교에서 다른 교수의 인문학 수업 하나를 청강할 기회가 있었습니다. 수업 내용보다 더 생생히 기억나는 것은 수업 첫날입니다. 그 교수가 학생 한 명 한 명에게 자기소개를 부탁하면서 '그녀(she)'로 불리기를 원하는지, '그(he)'로 불리기를 원하는지, 아니면 다른 대명사로 불리기를 원하는지를 물었죠. (중략) 성소수자를 향한 날 서린 시선은 '정상'이 아니라는 편견에서 시작됩니다. 하지만 성별은 난자와 정자가 만나는 순간 스위치를 켠 것처럼 단번에 정해지고 절대 변할 수 없다고 믿었던 것이 사실이 아닐 때, 과연 '비정상'은 무엇인가라는 의문이 남습니다. 우리의 성을 유지하기 위해 세포들이 평생 노력한다는 위의 연구는 성의 정의, 성의 유동성을 새로운 시각으로 바라보게 합니다."

우리는 왜 과학을
믿을 수 있을까요?

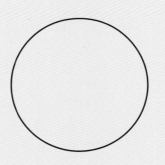

『왜 과학을 믿는가? Why Trust Science?』
나오미 오레스케스 지음.
Princeton University Press (2019)

강
연
실

고백하자면, 아영 씨가 『탄생의 과학』을 통해 소개한 지식들은 저에게도 꽤나 새로운 것들이 많았답니다. 과학 교과서를 통해 X, Y염색체에 대해 배운 이후, 이것이 성 결정을 완전히 결정짓지 않는다는 것만 어렴풋이 알고 있었을 뿐, 유전학과 성 결정에 대한 최신의 과학지식을 습득하는 데에는 부지런하지 않았기 때문이지요. 이런 저의 경험은 과학 지식이 계속해서 변화하고 움직인다는 사실을 입증하는 또 다른 사례일 것입니다. 제가 알고 있던 교과서 지식은 새로운 연구들 앞에 힘을 잃었으니까요. 아영 씨가 만난 교과서 편집인이 강조한 '반박의 여지가 없는' 과학, 혹은 논란의 여지 없이 명쾌한 과학은 생각보다 더 찾기 어려운 것일지도 모르겠어요.

저는 이번 편지에서 과학의 신뢰성에 대해서 이야기하려고 합니다. 과학 지식이 고정불변의 것이라고 생각한다면, 과학을 믿는 일은 꽤나 당연하고 쉬운 일일 것입니다. 그런데 아영 씨의 지난 편지는 과학 지식은 변화할 수 있고, 오히려 과학이 깨어지지 않는 진리라는 생각을 경계해야 함을 명확하게 보여주었어요. 오히려 그런 생각으로 인해 과학이 차별을 정당화하는 데 오용될 수 있음을 강조하셨죠. 저도 동의합니다. 그런데 과학 지식이 계속 변화하는 것이라면 우리는 왜, 어떻게 과학을 믿을 수 있을까요?

○

나오미 오레스케스의 『왜 과학을 믿는가?』(Why Trust Science?)를 소개할게요. 네, 앞서 『다가올 역사, 서양 문명의 몰락』 때 잠깐 이야기 했던 책입니다. 아쉽게도 아직 한국어로는 번역에 되지 않았어요. 제목이 꽤나 직접적이죠? 이 책의 주장을 한마디로 요약하자면, '과학은 믿을 만하고, 또 믿어야 한다'는 것입니다.

오레스케스는 '과학은 믿을 수 있다'는, 지극히 당연해 보이는 주장을 하기 위해 꽤나 두꺼운 이 책을 썼습니다. 〈하버드 가제트〉(The Harvard Gazette)와의 인터뷰에서 그는 집필 동기를 이렇게 설명합니다. 기후변화 회의론을 분석한 『의혹을 팝니다』로 미국 전역의 수많은 강연을 다니면서, 청중들로부터 도대체 왜 과학을 믿어야 하느냐는 질문을 많이 받았다고 해요(그리고 경험상 이런 질문들은 50대 이상, 싸움을 거는 듯한 바디랭귀지를 쓰는 남성들에게서 나왔다고 합니다). 그동안 오레스케스는 여러 저작들을 통해서 기후변화 회의론의 실체가 석유화학 산업계로부터 지원을 받거나, 신자유주의를 표방하는 소수의, 지구과학과 관계없는 과학자들이 끊임없이 만들어낸 '의심'임을 보여주었습니다. 또 그는 기후변화 회의론이 아니라 기후변화의 과학을 믿어야 한다고 강조했죠. 그런데 기후변화에 회의적인 청중들은 기본적으로 '과학은 신뢰할 수 없다'고 전제하기 때문에, '과학은 신뢰할 수 있다'는 전제로 출발하는 자신의 이야기가 전혀 설득력이 없다는 것을 깨달았다고 합니다.[1]

'탈진실' 시대 도전받는 과학

'과학을 왜 믿어야 하냐'는 질문은 사실 한국보다는 미국에서 더 자주 들을 수 있는 질문인 것 같습니다. 기후변화 회의론이나 안티 백신, 창조설, 코로나19가 위험하지 않다는 주장까지 과학적 증거들을 직접적으로 무시하는 회의론이 끊임없이 세력을 발휘하고 있기 때문이죠. 특히 2016년 미국 대통령 선거를 기점으로 미국 내에서 과학의 신뢰성은 더 중요한 화두가 되었습니다. 객관적 사실과 신뢰할 수 있는 지식을 추구하는 사회적 가치 자체가 위기에 놓이게 되었기 때문입니다.

당시 대통령 후보였던 도널드 트럼프는 선거 운동 기간에 근거가 없거나 틀린 사실을 바탕으로 한 주장을 쏟아내었고, 지지자들 역시 이러한 발언들을 그대로 재생산했습니다. 이러한 행동은 선거 기간 동안 '사실 확인(fact check)'을 하는 것, 즉 여러 주장 중에서 사실이 무엇인지 확인하고 가려내는 데에 언론과 유권자들의 주의를 집중시키기에 충분했습니다. 이러한 상황을 반영해, 2016년 옥스포드 대학 출판사는 "탈진실(post-truth)"을 '올해의 단어'로 선정했습니다. 공론을 형성하는 데 있어서 객관적 사실보다는, 틀린 사실로 감정에 호소하고 개인적 믿음을 강화하는 편이 더 효과적이고 중요하게 작용하는 상황을 의미하죠.

취임 이후 트럼프 대통령은 더욱 직접적으로 기후변화가
가짜(hoax)라고 주장하고, 기후변화 관련 연구예산을
감축하는 등 석유화학 산업을 촉진시키고 기후변화 대응
정책을 축소하려는 정책 집행을 위해 과학연구 결과를
왜곡하고자 했습니다. 이러한 대통령과 정부의 행보는
과학자들이 거리로 나서서 과학의 중요성을 외치는 "March
for Science" 캠페인을 하는 것으로 이어지기도 했습니다.
또, 코로나19 대응 과정에서 과학적 증거와 전문가의 제언을
무시하며 바이러스의 위험성을 평가절하하고, 전염병에 대한
보건의료적 대응에 실패하는 모습을 보였습니다. 이러한 미국
대통령의 행보는 미국을 넘어서 국제적 차원에서도 과학과
과학자 사회에 큰 위협이 되었습니다.

믿을 수 있는 '과학'

우리는 과연 과학을 믿을 수 있을까? 과학에 대한 사회의

가치체계가 위협받는 배경 속에서 나오미 오레스케스는
과학을 믿을 수 있다고 역설합니다. 이 책은 '우리가 왜
과학을 믿을 수 있는가'라는 질문에 대한 과학철학자들의
답을 살펴보는 것에서 시작합니다. 특히 저자 오레스케스는
20세기를 거치면서 과학 지식에 대한 신뢰의 기반이 '과학적
방법론'에서 '과학자 사회'로 옮겨 갔다는 데에 주목하고
있어요. 19세기 중반, 사회학의 창시자로도 여겨지는 오귀스트
콩트(August Comte)와 이후 논리 실증주의자들은 과학 지식의
권위와 그에 따른 사회적 신뢰의 토대가 과학적 방법론에
있다고 주장했습니다. 우리가 학교 과학 수업에서 가장 처음
배우기도 하는 이 방법론에 따르면, 과학자는 가설을 세우고
실험과 관찰을 통해 경험적 증거들을 모으고, 그것을 바탕으로
가설의 참, 거짓을 판별하게 되지요. 논리 실증주의자들에
의하면 과학적 방법을 잘 따라 진행된 연구라면, 그 결과로
생산되는 과학 지식은 신뢰할 수 있는 것이 되겠지요.

20세기 중반 이후 과학철학자들과 과학사회학자들은 과학자
사회의 제도, 규범과 가치에서 답을 찾기 시작했습니다.
이들은 어떤 과학적 주장을 신뢰할 수 있는지 평가할 때
경험적 근거에만 의존하는 것이 아니라, 규범과 기준,
이해관계 등 평가를 하는 사람들이 속한 사회의 가치관들을
반영한다고 주장했습니다. 이러한 주장에 의하면 과학 지식은
절대적인 객관성을 갖기 어렵습니다. 대신, 과학 지식의
객관성이나 권위는 정도의 문제가 됩니다. 과학적 주장은

과학자 사회, 그리고 그 밖의 사회와 끊임없이 상호작용하며 점점 더 신뢰할 수 있는 것으로 평가됩니다. 이렇게 더 객관적이고 더 권위 있는 과학지식이 되어 가는 것이죠. 제출된 과학 논문을 익명으로 평가하는 동료 심사(peer review) 제도는 이러한 과학자 사회 내부의 상호작용을 제도화한 사례라고 볼 수 있습니다.

이때 우리가 믿을 수 있는 '과학'이 구체적으로 무엇을 의미하는지 생각해봐야 합니다. 훌륭한 업적을 낸 과학자나, 〈네이처〉 같은 유명 학술지, 혹은 과학적 사실이라 알려진 지식에 대해 단편적으로 신뢰하기보다는 그 지식이 생성되고 검토되는 과정을 잘 살펴야 우리는 과학을 신뢰할 수 있게 됩니다. 즉, 우리는 앞서 소개한 〈하버트 가제트〉와의 인터뷰에서 오레스케스가 언급한 "과정, 사업, 혹은 활동으로서 과학(science as a process, an enterprise, or an activity)"을 신뢰해야 하는 것이지요. 지식 생산 과정이 건강하게 유지되고, 그것을 지탱하는 제도들이 제대로 운용될 때 과학자와 학술지의 신뢰성, 그리고 그에 따른 학술적 권위가 생겨나는 것입니다.

다양성, 과학의 신뢰성을
높일 수 있는 열쇠

그렇다면 과학의 신뢰성을 높이는 것은 건강한 과학자 사회를 만드는 데에서 출발할 수 있을 것입니다. 특히 저의 관심을 끈 것은 다양성에 대한 주장이었어요. 오레스케스는 "다양성이 있는 곳에 인식론적 힘이 있다"고 단언합니다. 즉, 다양성은 신뢰할 수 있는 과학 지식을 생산하는 데 매우 중요한 요인이라는 것입니다. 그동안 아영 씨와 저는 젠더나 인종 문제에 과학이 무관심해서는 안 되는 이유, 과학자 사회가 차별과 불평등에 더 관심을 가져야 하는 이유에 대해 이야기를 나눠 왔어요. 오레스케스의 대답은 너무나 명쾌하게 과학이 다양성을 추구해야 하는 이유를 설명하고 있습니다. 바로 더 믿을 수 있는 과학을 위해서죠.

과학철학자들의 이야기를 조금만 더 이어가 볼까요? 산드라 하딩과 같은 페미니즘 학자들은 제도나 규범과 같은 과학자 사회의 '사회적' 요소들에 주목한 것에서 한 발 나아가, 과학자들의 사회적 '위치'에 주목하기 시작했습니다. 성별, 인종, 사회경제적 위치에 따라 같은 문제를 바라보는 시각이 달라질 수 있고, 이러한 관점의 차이가 과학지식 생산 과정에 개입한다는 것이죠. 페미니즘 학자들은 과학 지식의 신뢰성과 관련해 크게 두 가지 중요한 메시지를 전달합니다. 첫 번째는 어떤 문제에 대해서 과학자가 그 문제를 해석할 수 있는 권위를 독점하지 않는다는 것입니다. 즉, 과학적 훈련을 받지 않았더라도 매일 작물과 환경을 살피는 농부나, 신체적 변화를 직접 경험하는 환자들은 신뢰할 수 있는 지식을 제공할 수 있습니다.

두 번째는 과학자 사회가 다양한 사회적 '위치들'과 그에 따른 관점들을 적극적으로 수용할 때 지식의 객관성이 높아질 수 있다는 것입니다. 백인, 이성애자, 남성이 절대다수로 구성된 과학자 사회에서 과학이 해결해야 할 문제는 무엇이며, 어떻게 해결해야 하는가에 대한 대답은 편향될 수 있습니다. 유색인종, 비 이성애자, 여성이 중요하게 여기는 문제는 다를 수 있지만, 다양성이 낮은 집단에서 그 다름은 인지되기 어려울 뿐 아니라 중요한 연구 대상이 되기 어렵습니다. 그렇기 때문에 과학기술을 연구하는 집단의 다양성이 높을수록 연구의 편향을 스스로 고칠 가능성은 높아집니다.

대표적으로, 공학계 내 젠더 편향은 여성의 몸으로 살기에 더 불편한 기술-환경을 만들어내고 있습니다. 캐롤라인 크리아도 페레즈의 『보이지 않는 여자들』은 '남성'을 표준 인간으로 둔 과학기술 연구로 인해 여성들이 경험하게 된 불편과 위험을 구체적인 데이터를 바탕으로 보여줍니다. 예를 들면, 자동차 좌석의 안전 설계는 남성에 가까운 '더미(dummy)'를 기준으로 만들어졌고, 실험 대상으로 수컷 쥐와 남성만을 다룬 의학 연구로 만들어진 약은 여성에게는 효과가 없거나 더 다양한 부작용을 발생시키게 됩니다.

먼 길을 돌아 저는 결국 이 이야기를 하고 싶었습니다. 과학계의 다양성을 높이기 위한 여러 시도들이 과학의 신뢰성을 떨어뜨리게 하는 것이 아니라 오히려 높여줄 수 있다는 것을요. 실험과 검증 과정의 논리적 정합성만 중요한 것이 아니라, '누가' 어떤 '관점'으로 문제를 정의하고 가설을 세우고 실험을 설계하는지가 더 신뢰할 수 있는 과학 지식을 생산하는 데 정말 중요한 문제라는 것을 말입니다.

· 1
"Defending Science in a Post-Fact Era"
https://news.harvard.edu/gazette/story/2019/10/
in-why-trust-science-naomi-oreskes-explains-
why-the-process-of-proof-is-worth-trusting/

단단하고 한결같은
천문학자 이야긴데요

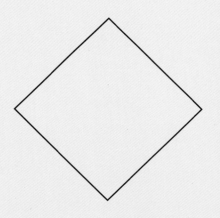

『천문학자는 별을 보지 않는다』
심채경 지음.
문학동네 (2021)

우
아
영

공학자가 되기를 포기한 이후로, 많은 여성 과학자들의 책을 읽었습니다. 국적이 다양했고, 분야와 경력도 다 달랐죠. 같은 여자로서 내가 갖지 못한 것들을 가진 그들을 부러워했던 것도 같고요, 그들의 삶을 간접체험하며 대리만족을 느끼기도 했던 것 같습니다. '같은 여자로서'라는 말, 참 웃긴 말이죠. 성별이 뭐 별거라고. 전 세계 80억 인류를 겨우 둘 내지는 셋 넷 정도로 나누는 거친 기준인데, 뭐 얼마나 대단한 공통점이 있기를 바랐던 걸까요.

뭐 어쨌든 최근 저는, 지난 수년간 제가 여성 과학자의 책을 읽을 때마다 특정 메시지를 습관적으로 찾아 헤매고 있었다는 사실을 깨달았습니다. 이를테면 이런 질문들이죠.

> '남성이 다수로 있는 학계에서
> 이분은 어떻게 살아남았을까 –
> 어떤 어려움을 겪었을까?'

> '일과 가정의 양립은 어떻게 이뤄냈을까?'

> '(분야를 막론하고)
> 어떤 신선한 관점으로 연구를 이끌었을까?'

단단하고 한결같은
천문학자 이야긴데요

"그런 종류의 씨름이라면
내가 좀 한다"

과학기자로 몇 년 살아본 덕에,『천문학자는 별을 보지
않는다』라는 제목이 무슨 의미인지 어렴풋이 짐작했습니다.
천문학자들이 망원경으로 밤하늘을 보는 일은 몇 년에 한 번
있을까 말까 한 일이라고 하더라고요. 요즘엔 거의 없다시피
하고요. 대부분은 우주망원경이나 탐사선이 보내온 복잡한
데이터를 분석하느라 컴퓨터 앞에만 앉아 있다는군요.
데이터의 형식이 우리가 아는 일반적인 워드나 엑셀 파일이
아니기 때문에, 천문학자로 '생존'하려면 파일을 여는 법부터
새롭게 배워야 한다고 합니다.

심채경 박사는 그런 '천문학자의 일'에 대해 이야기합니다.
목성 대기 성분을 분석하려고 관측 자료의 2,000개가 넘는
분광선을 일일이 찾아 손으로 입력했던 일을 시작으로,
"조금 전까지 137번쯤 해봤던 것을 138번째 다시 해보는
따위의 일"이 적성에 맞는다는 걸 일찌감치 알아차린 덕에
누가 타이탄을 좀 연구해 보겠느냐는 교수님의 질문에 냅다
"저요!"하고 손을 들어 위성 연구자의 길로 들어섭니다.
그렇게 분광선 발견 대잔치를 끝도 없이 벌인 뒤에야 타이탄
전공자로 대학원을 졸업했고요. "몸으로 하는 씨름이라면

샅바도 맬 줄 모르지만, 엉덩이 붙이고 앉아 모니터를
노려보는 씨름, 몇 시간째 좁은 화면 안에 시선을 가둬놓은
탓에 눈이 침침해지고 과도한 마우스질에 오른쪽 팔목이
아려와도 버티고 버티는 그런 종류의 씨름이라면 내가 좀
한다"(73쪽)고 고백합니다.

천문학자로 살아남기 위해 해야 할 일은 분광선을 노려보는
것 말고도 많습니다. 그가 비정규직 박사후연구원 신분이기
때문이죠. 대개 3~5년 정도인 연구과제가 끝나면 계약직
연구원의 고용 기간도 끝난다는 뜻이므로, 과제가 끝나기
전에 미리 다음 과제 혹은 다음 직장을 알아봐야 합니다. 즉,
과제 제안서나 자기소개서, 연구 계획서를 쓰고, 그간의 연구
실적을 모아 양식에 맞게 입력하고 증빙 자료를 만들고 졸업
증명서와 성적 증명서를 새로 발급받는 일을 해야 합니다.
한국의 끝도 없는 서식이나, 증명서 하나 출력하는 데 십수
분을 낭비하게 하는 액티브엑스, 공인인증서 시스템이나,
대학이나 연구원 포털의 느림의 미학에 대해 성토할 법도
한데, 그는 "아주 지겹지만 '먹고사니즘'과 과학자로서의
정체성을 좌우할 수 있는 신성한 작업이므로 소홀히 할 수
없다"고 말할 뿐입니다.

비정규직 과학자의 '일하는 마음'

그 지난한 시간들의 기록. 그것이 진한 감동으로 마음을
일렁이게 하는 건 어떤 동질감이 새겨져 있기 때문일 겁니다.
바로 '일하는 마음'. 세계적인 거장들이 쓴 책에는 과학자로서
견뎌야 하는 지난한 밥벌이 과정보다는, 흔히 과학에 대한
경이로움만이 묘사되어 있곤 하니까요(여담인데, 그는
"오, 여러분, 우주는 정말 거대하고 광활한 곳이죠. 진실로
멋지지 않나요? 참으로 대단하지 않나요? 과연 감동적이지
않나요?"라고 계속해서 경탄하는 칼 세이건에게 공감하기
어려워 『코스모스』를 아직 완독하지 못했다고 합니다).

책 전체에 심채경 박사가 쓴 아름다운 문장이 가득한데요,
깊이 들여다보면 한편으론 휘청대는 마음이 그득합니다. 한
해에도 몇 번씩 정규직 채용공고에 원서를 내고 탈락하기를
반복하는 현실이 희망적일 리 없다는 인식, 월급도 계약
기간도 과제에 달린 박사후연구원들에게는 학문의 세계가
그렇게 신성하지도 낭만적이지도 않다는 고백.

그럼에도, 그는 우리가 상상하는 천문학자의 낭만을 간직한
사람입니다. 이제는 기술이 너무 발달해 온몸으로 관측하는
일이 드물지만, 하늘이 유난히 맑고 공기가 신선한 날이면

◇

"관측하기 딱 좋은 날이네"하고 생각한다고 합니다(131쪽).
천문대에 올라가 주변 풍광도 좀 구경하고 과자도 까먹다가,
오후 느지막이 올라가 나중에 보정하는 데 쓸 기준 하늘인
'플랫'을 찍고 털레털레 돌아와 저녁을 먹고, 멍하니 노을을
보다가 어둠이 찾아오면 기계처럼 관측에 집중하다가,
달이 예뻐서 감탄도 하다가, 오퍼레이터와 커피도 마시고
초코파이도 먹고, 벌게진 눈으로 새벽 플랫을 찍고 마무리하고
돌아와 국밥을 후루룩 말아먹은 뒤 암막 커튼 속에서 죽음처럼
잠들던 날들을 불러옵니다(실제로 해보면 극도의 체력 싸움일
텐데, 이렇게 대신 경험하고 잔잔하게 들려주는 그가 있어
다행이죠). 제게도 그런 기억이 있어요. 좋은 동료들과 좋은
과학잡지를 만들어보겠다고 허구한 날 새벽이슬 맞으며
퇴근하던 몇 년간의 시간들. 이제는 아이를 키우는 엄마가
되었기에, 돌아가고 싶지 않은 것인지 돌아갈 수 없는 것인지
다소 아리송하지만, 좋아하는 일에 온전히 몰두해 즐길 수
있었던 그 멋지고 근사한 기억이 그립고 좋아서 힘들어도 계속
앞으로 나아갈 수 있습니다.

흘러 흘러 왔다고 겸손하게 말하지만, 상당 부분은 그의 공일
것입니다. 묵묵히 걸어가는 건 말은 쉬워도 아무나 할 수 있는
게 아닐 테니까요. 그렇게 기회가 생길 때마다 "저요!" 손을
들고, 138번쯤 해봤던 것을 139번째 다시 해봤을 때 뛰어난
성과를 얻고, 그 결과를 처음 발표한 국제 학회에서 질문
세례를 받고, 좋은 학술지에 논문을 싣고, 미래를 이끌어갈

젊은 달 과학자로 〈네이처〉와 인터뷰를 하고 난 뒤, 우리는
비로소 그의 아름다운 문장들을 마주할 수 있게 됐습니다.

누구나 좋아하는 일을 할 수 있도록

지난 편지에서 "과학계 다양성은 과학의 신뢰성을 높이는 데
중요하다"는 요지의 오레스케스의 주장을 전해주셨는데요,
그러한 과학사학자들의 인식에 힘입어 다양한 여성 과학자
정책, 젠더를 고려한 과학 연구활동 등이 장려되었을
것입니다. 전체적인 틀에서 이러한 방향성이 중요하고
바람직하다고 생각하는 편입니다.

그런데 한편으로, 이러한 주장을 들을 때마다 심적인 압박감을
느끼기도 합니다. "과학계에 여성이 왜 필요한가?"라는
질문이 나올 때마다 "다양성이 과학의 신뢰도를 높이는 데
도움이 된다"라는 답을 하게 되면, 당사자인 여성(유색인/장애인/
성소수자) 과학자가 무언가를 증명해 내야 하는 입장에 놓이기
때문입니다. 제가 느껴왔던 압박감이 아마도 그런 종류였던

◇

것 같아요. 대학과 대학원에서 여성 연구원으로 있는 동안
끊임없이 제 능력을 스스로 증명해 내야 하는 입장이었고,
그 때문인지 기자가 되어서도 여성 과학자들을 더 드러내고
대변해야겠다는 생각을 했던 것 같습니다. 그래서 저도 모르게
여성 과학자들의 책을 읽을 때 서두에 적은 질문에 대한 답을
찾아 헤맸던 거고요.

특히 '여성 과학자로서 어떤 신선한 관점으로 연구를
이끌었을까?'라는 마지막 질문과 관련해서는 명쾌한 해답을
얻은 적이 한 번도 없습니다. 사실 당연한 결과죠. 연구 주체의
정체성(ex. 여성)과 연구 주제(ex. 여성의 몸)가 정확히 겹치지
않는 한, 집단 내 다양성이 연구에 도움이 되었음을 증명하는
일이란 그리 쉬운 일이 아닐 겁니다. 딱히 연관이 없을지도
모릅니다. 정체성과 성장배경과 경험에서 우러나오는
직관이란, 자신도 모르는 새 작동하는 것일 테니까요. 게다가
무엇보다, 당사자가 증명해야 할 이유도 없고요.

그래서 저는 "과학의 신뢰도를 높인다"는 대의보다는
그저 "누구나 좋아하는 일을 할 수 있어야 한다"는 말이 더
좋습니다(물론 이 말 안에는 많은 사회적 맥락이 함축되어
있겠지요).

심채경 박사의 『천문학자는 별을 보지 않는다』를 비롯해 제가
읽은 여성 과학자들의 책은 모두 이렇게 항변하는 책들처럼

느껴집니다. 컴퓨터 모니터 앞에 엉덩이 붙이고 앉아 같은 분석을 수백 번씩 반복하는 일에서 몰입의 즐거움을 느끼는 마음, 과학자의 정체성을 유지하기 위해 싫어도 해야만 하는 일들, 그래서 때로 어지러워지는 마음 등 이 모든 것들이 "누구보다 과학을 사랑하는 마음"이라고요.

물론 책 안에 직장맘으로 겪게 되는 애환도 솔직히 내보입니다. 밤늦게까지 연구실에 남아 연구 주제에 골몰하고 싶지만, 아이를 키우는 워킹맘 처지로 그러지 못하느라 전전긍긍하는 마음, 동시에 밤늦게까지 뜬 눈으로 엄마를 기다리는 아이들에게 미안해하는 마음을 고백하죠. '창백한 푸른 점' 지구 사진을 마지막으로 남기고 뒤돌아 저 먼 우주로 떠나버린 보이저호를 기리며 "내 아이가 마지막으로 잠시 나를 돌아본 뒤 자신만의 우주를 향해 나아갈 때, 나는 그 뒷모습을 묵묵히 지켜보아 주리라"(156쪽)고 말하는 대목에서는, 몰입의 즐거움 그리고 '먹고사니즘'과 톱니바퀴처럼 맞물려 돌아가는 육아의 끝을 상상하는 엄마의 마음이 어떤 것인지 너무나 잘 와닿아서 숨죽여 함께 울기도 했습니다. 하지만 여성 과학자의 책에서 이런 부분만을 읽어내는 것 또한 몹시 성차별적인 일일 테죠.

여담입니다만, 2014년 6월 〈과학동아〉가 주최한 강연회에서 "어떻게 타이탄을 연구하게 됐냐"는 질문에 심채경 박사는 "오늘 할 것 열심히 하고 한 달 할 것 열심히 하고 올해 할 것 열심히 하다 보니 지금 여기까지 왔다"고 답했습니다. 당시 맨 뒷줄에서 그 말을 받아 적어 정리한 기자가 저였어요. 하핫. 8년 뒤 펴낸 이 책을 관통하는 주제도 이와 같지 않은가요? 참으로 단단하고 한결같은 천문학자라는 생각이 듭니다. 그의 아름다운 문장들처럼요.

어쩌면 좀 괜찮은
할머니가
될 수 있을지도요

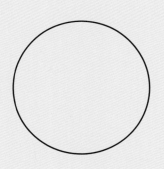

『벤 바레스 : 어느 트랜스젠더 과학자의 자서전』
벤 바레스 지음, 조은영 옮김.
해나무 (2020)

강
연
실

아영 씨의 편지를 받고 한동안 어떻게 답을 해야 할지 몰랐습니다. 더 신뢰할 수 있는 과학지식을 만들 수 있다고, 과학계에 다양성이 필요한 이유를 장황하게 설명한 저에게 '누구나 좋아하는 일을 할 수 있어야 하기 때문'이라고 응답하셨죠. 한 방 맞은 듯했습니다. 이렇게 쉬운 답이 있었다니! 그런데 또 생각해보면 어쩌면 이것이 너무 당연한 문제이기 때문에 많은 사람들이 이런 이유를, 또 저런 근거를 찾아가며 주장해온 것이 아닐까요. 당연한 것이 결코 당연하지 않다는 것을 설명하기란 참 어려운 일이니까요.

저는 앞으로도 다양성이 더 나은 과학, 그러니까 더 정확하고 더 객관적인 과학을 위해 중요하다고 계속 이야기할 것입니다. 이러한 발언이 젠더, 성 정체성, 인종, 장애 등 소위 '다양성'을 담당하는 과학자들에게 "자 이제 더 나은 걸, 더 새로운 걸 보여줘"라고 요구하는 것은 아닙니다. 연구자의 정체성이 연구주제를 결정짓는다면 그것 또한 큰 문제겠지요. 그렇지만 과학자로 성장하면서 경험하고 느꼈던 것들이 연구 과정에서 내리는 수많은 선택에 조금씩 영향을 끼칠 것입니다. 그래서 지금보다 더 다양성이 높은 과학자 집단은 조금씩 조금씩 깊숙한 편향들을 깎아낼 것입니다. 스스로도 모르는 사이에요. 저는 이렇게 무의식적이고 집단적인, 그렇지만 느리고 눈에는 잘 보이지 않을 변화들이 일어날 것이라고 생각합니다.

아영 씨의 편지에 답하려다 보니 저 스스로에 대한 생각까지 이어집니다. 분야를 막론하고 연구자라면, 질문을 던지고, 근거를 찾아 나름의 답을 제시하는 일을 합니다(작가나 예술가도 마찬가지겠지요). 그런데 이것이 현실에서 무언가를 바꾸어 내는 일에 닿기란 참 어려운 일이더군요. 그래서 종종 무력함도 느낍니다. 이런 생각이 걷잡을 수 없이 이어질 때 우연히 벤 바레스의 자서전을 읽게 되었어요. 범상치 않았던 삶을 살았던 그의 이야기에서 저는 하나의 대답을 들을 수 있었습니다.

트랜스젠더 과학자,
과학계 여성 권리 옹호에 앞장서다

벤 바레스(Ben Barres)의 이야기를 하려면 바바라 바레스(Barbara Barres)의 이야기에서부터 시작해야 합니다. 바바라 바레스는 수학과 과학을 아주 잘하는 학생이었습니다. 언제나 학교 수업 진도가 느리다고 생각했고, 학교 밖 과학프로그램을 끊임없이 찾아다녔다고 해요. 주말과 방학마다 여러 프로그램에서 수리천문학과 화학, 미적분학, 컴퓨터 프로그래밍을 배운

덕분에 고등학교를 졸업한 이후 벨연구소에서 유닉스와
C 언어를 개발하는 팀과 함께 일할 수 있었습니다.

MIT에 진학하면서 그에게 이해가 안 되는 순간들이 생겨나기
시작했습니다. 1972년에 그는 전체 입학생 중 5%에 불과한
여학생 중 하나였고, 여자 교수는 찾아볼 수 없었죠. 그의 첫
물리학 수업을 가르친 노벨상 후보는 강의 중 성차별적인
발언을 서슴치 않거나 심지어 여성 나체 사진을 보여주기도
했습니다. 인공지능 수업에서 그는 어려운 기말 과제를
풀어온 유일한 학생이었지만, 교수는 그가 스스로 풀어낸 것이
아니라 남자친구가 대신 풀어준 것이라고 여겼습니다. 동료
남학생들이 쉽게 연구실에서 연구할 기회를 얻는 데 반해,
그에게는 좀처럼 연구에 참여할 기회가 주어지지 않았습니다.
동료 남학생들에 비해서 그의 능력과 성취는 쉽게 인정되지
않았던 것이죠.

여기까지는 여러 여성 과학자의 경험과 크게 다르지 않을
것입니다. 그런데 이후 그는 누구도 쉽게 경험할 수 없는
방식으로 과학계 성차별을 경험했습니다. 그가 트랜스젠더로
성전환 수술을 받았기 때문이죠. 그는 어릴 때부터 스스로를
남자라고 인식했다고 합니다. 열일곱 살에는 난소를 제외한
생식기관이 없이 태어나는 뮐러관 무발생 증후군이라는
사실을 알게 되었고, 유방암으로 양쪽 가슴 절제술을 받은 뒤
그는 가슴이 없는 몸을 가지게 된 데에 안도감을 느꼈습니다.

어쩌면 좀 괜찮은
할머니가
될 수 있을지도요

스탠포드 대학 신경생물학과의 종신 부교수로 재직하던 1997년 벤 바레스는 신문에서 트랜스젠더이자 트랜스젠더 권리 운동가인 제이미슨 그린의 기사를 읽고 여성에서 남성으로 성전환을 결심합니다. 바바라에서 벤이 된 그는 한 학술 세미나에서 그의 발표가 "여동생"의 발표보다 훨씬 낫다는 평가를 우연히 듣게 됩니다. 한 사람의 연구 성과가 보여지는 성별에 따라 전혀 다른 평가를 받은 것이죠.

벤 바레스는 자신의 경험을 과학계 여성과 소수자 문제에 목소리를 높이는 동력으로 삼았습니다. 그는 신경아교세포에 대한 선구적인 연구를 한 과학자인 동시에 과학계의 여성과 소수자 문제에 앞장선 것으로도 잘 알려져 있어요. 특히 2006년 〈네이처〉에 기고한 "성별이 문제가 되는가?(Does gender matter?)"라는 글로 벤 바레스는 신경생물학 분야 밖에서도 잘 알려지게 되었습니다. 저도 이 글을 통해 처음 벤 바레스에 대해 알게 되었답니다.

성별은 어떻게 문제가 되나

이 글은 2005년 하버드 대학교 총장 래리 서머스의 발언에
대한 반박으로 쓰여졌습니다. 클린턴 대통령 시기 재무장관을
지내기도 했던 경제학자 래리 서머스(Larry Summers)는
보스턴에서 열린 한 세미나에 참가해 여성들이 과학계의 높은
자리에 오르지 못하는 이유 중 하나는 여성이 천성적으로
수학과 과학에 대한 재능이 부족하기 때문이라는 취지의
발언을 했습니다. 이 발언은 당시 자리에 참석한 과학자들과
과학계는 물론 학계 전반에 상당한 파장을 일으켰고, 결국
래리 서머스는 하버드 총장직에서 사퇴하게 됩니다.

벤 바레스는 이 글에서 래리 서머스를 비롯해 저명한
심리학자이자 하버드대 교수인 스티븐 핑커(Steven Pinker),
캠브리지 대학의 발생생물학자 피터 로렌스(Peter Laurence)와
같이 이 주장에 공개적으로 동조한 당대 가장 영향력 있는
백인 남성 교수들을 분명하고 신랄하게 '실명비판'합니다.
예를 들어, 스티븐 핑커는 래리 서머스를 두둔하는 한 글에서,
성차에 대한 과학은 낡은 것이 아니라 그 근거가 현대 과학을
통해서도 계속 발견되고 있고, 타고난 성차에 대해 이야기
하는 것이 사회적으로 터부시되었다고 강조합니다. 그리고
서머스에 대해 비판하는 사람들은 성에 따른 차이가 있다는

어쩌면 좀 괜찮은
할머니가
될 수 있을지도요

'사실적 주장'과 각자가 속한 집단의 특징이 아닌 개인의
능력에 의해 평가받아야 한다는 '도덕적 주장'을 혼동하는
"전통적 사례"를 보여주고 있다고 꼬집었죠.[1]

바레스는 이 과학자들이 학계에서 여성과 소수자에 대한
차별이 만연하다는 여러 연구 결과들은 부정하면서, 빈약한
과학적 증거를 들어 여성의 재능이 부족하다는 주장을 펼치고
있음을 특히 강하게 비판했습니다. "학계에서 여성 지원자들에
대한 (검증) 기준은 훨씬 더 높아지는데, 남성들이 여성이
과학에서 왜 성공하지 못하는 지에 대한 증거를 검토할 때는
기준이 훨씬 더 낮아지는 것처럼 보이기까지 한다"고요.

바레스는 특히 이 책의 서문을 쓰기도 한 MIT 대학의 낸시
홉킨스(Nancy Hopkins)가 참여한 연구를 예로 들어, 매우
구체적인 차별의 증거가 있다고 주장했습니다. 홉킨스는
1995~1999년 운영된 여성 교수 조사위원회에 참여했고,
"MIT 여성 과학 교수들의 지위에 관한 연구"라는 제목의
보고서를 발간했습니다. 이 보고서는 여성 교수들에게
유리천장이 어떻게 작동하는지 데이터를 제시한 것으로
주목을 받았습니다. 특히 직급이 올라갈수록 여성 교수들이
더욱 배제된다고 느끼며, 실제로 연봉과 연구 공간, 수상,
자원의 배분 등에 있어서 동등한 성과를 이룬 남성 교수들에
비해 불리한 조건에 놓여 있음을 보여주기도 했습니다.
그런데 이보다 더 중요한 발견은 이러한 차별이 "집단적인

무지"에 기반한다는 것이었습니다. 위원회가 조사한 사례에서
성차별은 "우리가 생각하는 차별의 모습과는 전혀 달랐다"고
합니다. 여성 과학자 스스로도 종종 알아차리지 못하는 형태로
성차별은 일어나고 있었던 것이지요.2

그가 보기에 과학계 성차별의 핵심은, 성공한 남성 과학자들이
남성만큼, 혹은 남성보다 뛰어난 능력을 가진 여성들은 충분히
인정받을 수 있다고 강하게 믿고 있다는 데 있었습니다.
벤 바레스는 이들이 "개인의 실력은 부정적인 고정관념이
만연한 환경에서는 제대로 인지될 수도 없고, 인지되지도
않는다는 사실을 이들은 완전히 간과하고 있다"는 데
있다고 지적합니다(227쪽). 그러니까 대다수의 성공한 남성
과학자들에게 과학계는 '능력'에 기반해서 공평하게 평가되는
사회였던 것이지요.

사실 우리에게도 이런 논쟁은 익숙합니다. 능력주의는
(특히) 이공계에서 여성 교원 비중을 높이려는 제도에
대한 비판 논거로 쓰입니다. 예를 들어 볼까요?
생물학연구정보센터(BRIC) 커뮤니티에는 "여성과기인
지원정책 찬반"이라는 글타래가 있습니다. 우연한 기회에
살펴보았는데, 이 타래의 글들은 대부분 여성 교수 임용
할당제에 반대하고 있었습니다. 이 제도가 시행된다면 실력이
부족한 사람도 여성이라는 이유로 임용될 것이라는 것이
주된 이유죠. 어떤 글은 같은 논리를 적용한다면 장애인에

어쩌면 좀 괜찮은
할머니가
될 수 있을지도요

대한 할당제도 시행해야 하는지 되묻고 있습니다. 이 글을 쓴 사람들은 가장 바람직한 대학의 연구인력을 구성하는 방식은 성별에 관계없이 성과가 우수한 사람들을 교수로 채용하는 것이라고 주장하고 있습니다.

명제만 놓고 본다면, 이 주장은 틀린 것이 없습니다. 그러나 이 주장은 성별이 다른 사람에게는 다른 기대, 다른 평가, 다른 기회가 주어진다는 것을 고려하지 않습니다. 성과를 낼 수 있는 환경과 조건 자체가 다르다는 것을요. 그렇기 때문에 이 역시 당연하지만 결코 당연하지 않은 것이지요.

과학자, 그리고 선생이 해야 할 일

그런데 이 책에서 저의 감동 포인트는 사실 다른 곳에 있습니다. 벤 바레스의 삶에서 제가 발견한 것은 그가 끈질기게 제도의 변화를 요구했다는 것입니다. 그는 연구 지원 기관이 연구지원서나 수상자를 정할 때 여성 심사위원이 포함되도록 규정을 개정했고, 학회 내에서 성희롱을 한

회원에게는 학회 참여를 제한하도록 하는 규정을 만들기도
했으며, 스탠포드 대학에 비종신직 교수를 위한 육아 지원
프로그램을 도입하기도 했습니다. 구체적인 요구와 제안이
담긴, 가끔은 '이런 제도를 도입하지 않으면 참여하지
않겠다'는 협박(?)이 담긴 편지를 쓰기도 했지요.

그에게 규정과 제도를 조금씩 바꿔 가는 일은 여성과
소수자의 권리를 보호하는 일이기도 했지만, 선생으로서
해야 하는 역할이기도 했던 것 같습니다. 특히 정년이 보장된
교수들이라면 학계의 불공평한 제도를 변화시키기 위해 더욱
앞장서야 한다고 주장했습니다. 선생에게는 학생들을 가르칠
임무 외에도 그들을 보호하고 더 잘 성장할 수 있는 여건을
만들도록 힘써야 한다고 생각했습니다. 그래서 래리 서머스의
주장에도 깊이 분노했던 것이겠지요. 대학의 교수들이 '여성의
과학적 능력이 부족하다'고 주장하는 것은 그에게 선생으로서
도덕적으로 "절대 넘어서는 안 되는 선"을 넘는 행위였을
테니까요(223쪽).

벤 바레스는 자신이 과학자로 성장하는 데 사려 깊은
선생님들이 끼친 영향력을 잘 알고 있었고, 또 스스로 좋은
선생이 되기 위해 노력했습니다. 이 책에서도 이런 그의
면모가 잘 드러나는데요, 예를 들어 2장 '과학'은 그의
연구실을 거쳐 간 학생과 연구원들이 각자 어떤 문제에
관심을 갖고 탐구했으며, 또 어떤 과학적 성과를 이뤄냈는지

상세히 소개하고 있습니다. 과학계에서 연구 성과는 관행처럼
연구실 운영을 책임지는 교수의 성과로 여겨지곤 합니다.
이를 고려한다면, 바레스가 후배 연구자의 업적을 명확히
인정하고자 한 면모를 엿볼 수 있습니다. 그가 췌장암 진단을
받은 후 한 일 중 하나는 그가 가르친 학생들의 추천서를 고쳐
쓰는 일이었다고 알려져 있습니다. 그의 시간이 멈추고 난 후
학생들이 직장을 구하는 데 차질이 없도록 신경 쓴 것이지요.
어떻게 보면 이 책은 벤 바레스가 학생들을 위해 쓴 또 다른
추천서가 아닐까 생각합니다.

아영 씨, 좀 생뚱맞은 이야기지만, 삼십 대를 지나가면서 저는
'곱게 늙기'에 대해 종종 생각합니다. 괜찮은 어른이 꽤나 귀한
존재라는 것을 경험했고, '어른이 뭐 저래'하면서 종종 눈을
흘기기도 했기 때문이죠. 그렇다고 해서 제가 완전무결한
존재가 되어야겠다고 생각하는 것은 아니고, 또 아직 '괜찮은'
어른이 어떤 것인지 명확하게 정의내리지도 못했습니다.
그런데 벤 바레스가 그랬던 것처럼, 제 자리에서 만들어 낼
수 있는 제도적 변화들을 고민하다 보면, 어쩌면 좀 괜찮은
할머니가 될 수 있을 것 같은 생각도 듭니다.

1
Steven Pinker, "Sex Ed," *The New Republic.*
(February 14, 2005)

2
해당 보고서는 아래 웹사이트에서 전문을 볼 수 있다.
http://web.mit.edu/fnl/women/women.html

내가 아는 세상의
범위를 넓히려고 과학책을
읽어요

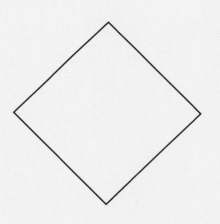

『뼈가 들려준 이야기』
진주현 지음.
푸른숲 (2015)

우아영

과학계 다양성 논의가 "확장"되는 데에 하버드의 전 총장인 래리 서머스가 미친 긍정적인 영향을 평가할 수 있다면, 꽤 높은 점수를 받을 겁니다. 제가 첫 번째 편지의 소재로 삼았던 책『평행 우주 속의 소녀』의 저자인 아일린 폴락은 자신의 책을 일컬어 "서머스에게 주는 내 나름의 답변이기도 하다"라고 표현했거든요. 우리의 편지는 매번 이리저리 갈팡질팡하지만, 또 한편으로는 돌고 돌아 커다란 동그라미를 그리고 있는 것도 같습니다.

연실 씨가 주신 지난 편지의 마지막 단락은 전혀 생뚱맞지 않아요. 당연한 귀결이라고 생각합니다. 대학에 몸담고 계실 때는 강의를 직접 하기도 하셨죠? 요즘은 어떠세요? 과학관에서 연구도 하고 대중을 상대로 일종의 콘텐츠도 만들고 계시니까, '선생'으로서의 감과 도덕도 유지하고 계실 것 같아요.

저는 특히 아이를 낳아 키우기 시작하면서 "기성세대가 되었다"라는 감각으로 하루하루를 채워 나가고 있습니다. 분명 제가 통과해온 시간임에도, 이제 만 네 돌이 되었을 뿐인 아이가 이해되지 않을 때가 많고, 그 괴리를 매일같이 눈과 귀로 확인하면서 어떤 어른이 되어야 하나를 고민해요. 상투적인 말이지만, 아이에게 부끄럽지 않은 엄마가 되고 싶어서요. 정말로요. 연실 씨의 말씀처럼 저 역시 그게 어떤 꼴인지 아직 잘 모르겠지만, 그래서 우리가 이렇게 과학책을

읽고 고민을 주고받고 지평을 넓히려 애쓰고 있는 것
아닐까요. 나이 들어갈수록 주의 깊게 경계해야 하는 독단과
편견은, 사실 알기보다 모르기 때문에 갖게 되는 일종의
방어기제 같은 것일 테니까요. 그러니까 저는 '엄마'라는
정체성을 추가하고 난 뒤 엄마로 자라나기 위해 과학을 읽고
있는 것 같아요. 과학책을 읽는 이유 중 하나죠.

말이 나와서 말인데, 저는 "지평을 넓힌다"는 말을 참
좋아해요. 한 가지 주제를 깊게 파고들기보다는 세상만사에
호기심이 많은 탓에 넓고 얕게 즐길 뿐이라는 말을 고급스럽게
표현한 문장이라고 할까요(물론 제 생각입니다, 하하).
콘텐츠 제작으로 먹고사는 사람으로서, 이 문장은 일하는
방향을 정하는 일종의 가이드 같은 역할도 합니다. 제가
만든 콘텐츠가 독자들의 일상에 작은 틈을 만들면 좋겠다고
생각하죠. 그런 의미에서 오늘은 '나의 지평을 한 뼘 넓혔다'고
느꼈던 책을 소개해보려고 합니다.

뼈를 알면 세상이 다르게 보인다

사람들은 과학책을 읽지 않는 이유로 흔히 "살면서 몰라도 되는 지식이라서", "왠지 '각' 잡고 앉아 읽어야 할 것 같아서", "공부 같아 부담스러워서"라고들 말합니다. 고백하자면, 사실 저도 그래요. 과학과 사회가 맞물려 작동하는 방식에 더 관심이 많아서, 과학적 지식을 정통으로 다룬 책들엔 선뜻 손이 잘 가지 않습니다. 수년간 과학잡지와 과학책을 만들어 왔음에도 그 유명한 『코스모스』나 『이기적 유전자』를 아직도 완독하지 못했죠….

하지만 동시에 과학책의 미덕이란, 살면서 전혀 몰라도 될 성싶은 과학적 지식을 정직하게(?) 풀어낸 글에 있다고 믿는 쪽이기도 합니다. 책, 특히 과학책을 읽는 건 내가 아는 세상의 범위를 넓히기 위한 일이고, 제게 직관적으로 와 닿지 않는 학문 그 자체를 접했을 때, 그러니까 소위 '거인의 어깨' 위에 올라탔을 때 절경을 보게 되리라는 기대 때문에요. 많은 과학 커뮤니케이터들이 말하듯, 어린 시절 품었던 순수한 호기심을 되찾기에도 순수(?) 과학책만 한 게 없죠.

그런 의미에서 『뼈가 들려준 이야기』는 부담 없이 재미있게 읽기 좋은 교양 과학책입니다. '뼈'라는 소재를 중심으로

인류학, 진화생물학, 고고학 등 광범위한 이야기를
꿰어냈어요.(잠깐 다른 얘기인데, 물화생지 같은 근대 과학의
'분야'가 아닌, 특정 '소재'를 중심으로 다양한 학문 분야가
함께 다뤄지는 방식은 참 흥미로운 스토리텔링인 것 같아요!)
저자인 진주현 박사가 하와이에 있는 미 국방부 전쟁포로
및 실종자 확인기관(DPAA)에서 미군 전사자의 유해를 직접
발굴해 감식하고 가족의 품으로 돌려보내는 일을 하는 현장
과학자인 덕에 글에 생동감이 흘러넘칩니다(현장 과학자는 늘
동경하게 되는 존재이죠). 무엇보다 호기심을 불러일으키는
질문들로 꼭꼭 들어차 있어서 쉽고 재밌어요.

이를테면 이런 거요. 쇄골로 신분 확인을 할 수 있다는 사실을
알고 계셨어요? 저는 범죄 드라마에서 치과 치료 기록이나
지문으로 신분 확인을 하는 건 봤거든요. 그런데 뼈로도
그렇게 할 수 있다는 건 금시초문이었어요. 알고 보니 다른
뼈에 비해 쇄골은 뼈 자체를 움직일 수 없어서 평생 뼈 밀도나
모양이 그대로 유지된다고 합니다. 그래서 젊었을 때나 나이
들었을 때나 모양에 별 차이가 없어서, 생전 흉부 엑스레이가
있으면 유해의 쇄골과 맞추어 볼 수 있다고 해요.

어린아이일수록 뼈의 개수가 많다는 사실도 처음 알았어요.
8주쯤 된 태아에서 위팔뼈가 새로 생겨나는데, 태어나 돌이 된
뒤 어깨에 조그만 뼈 하나가 새로 자라고, 말이 늘고 고집이
세지는 두 돌이 될 때, 유치원에 들어갈 때 또 각각 조그만 뼈가

새로 자란다고 합니다. 그러다가 초등학교를 들어갈 때 즈음 이 뼈들이 모두 붙고요. 즉, '나이와 뼈의 개수는 반비례한다'는 거죠.

여기까지 읽고는 잠시 눈을 들어 신난 망아지처럼 뛰어다니며 거실을 종횡무진하는 어린 딸아이를 바라보았는데, 마치 엑스레이 사진을 볼 때처럼 아이의 뼈가 하나하나 보이는 듯한 착각이 들더군요. 맹렬한 속도로 자라고 있는 조그마한 뼈들과, 이제 막 새로 자라기 시작했을 위팔뼈 한 조각이 서로 엉성하게 붙어 지지하며 저 조그만 몸뚱이를 움직이고 있다고 생각하니, 새삼 그렇게 귀여울 수가 없었습니다.

혹시 악동뮤지션의 '사람들이 움직이는 게'라는 노래를 아시나요? 가사가 이래요. "사람들이 움직이는 게 신기해 팔다리가 앞뒤로 막 움 움 움 움직이는 게 숨 크게 들이쉬면 갈비뼈 모양이 드러나는 것도 내쉬면 앞사람이 인상 팍 쓰며 코를 쥐어 막는 것도 놀라와 놀라와 놀라와." 어린아이를 관찰하다 보면 딱 이런 마음이 되죠. 대체 저 작은 몸뚱이를 어떻게 움직이는 걸까? 그것도 저렇게 재빠르게! 헉헉. 그냥 봐도 귀여운데, 조그만 뼈까지 상상했더니… 윽, 내 심장! 귀여운 거 최고예요!

여성의 삶에서 나오는 질문들

아이를 낳아 키우고 있는 여성의 삶에서 우러나오는
질문들도 있습니다. 같은 처지의 여성 독자인 저의 흥미를
강하게 끌어당겼죠. 저는 최악의 폭염을 기록한 2018년
여름에 아기를 낳았어요. 밖엔 아스팔트가 녹아내리고
있었지만, 산후조리원 안에는 두터운 수면양말을 신고 목에
스카프를 두른 여자들이 가득했죠. 네, 맞습니다. 한국식
산후조리입니다. 아무리 더워도 찬물이나 찬바람은 절대
금물이죠. 반면 전해 듣기론 미국에서는 아기를 낳은 다음 날
아침 식사는 토스트 한 장에 커피 한잔이 끝이고, 곧 샤워도
한다죠? 왜 이런 문화적 차이가 있는지 늘 궁금했어요.

미국에서 아기를 낳았지만 친정엄마 덕에 한국식 산후조리를
경험한 진주현 박사도 같은 의문을 품었습니다. 그리고
이런 질문을 하면 매번 같은 답이 돌아온다고 해요. 백인은
아시아인보다 골반은 넓고 아기의 머리둘레는 작아 아이를
순풍 잘 낳기 때문에, 한국식과 같은 요란한 산후조리는
필요가 없다고요(물론 반대로 미국에도 한국식 산후조리를
도입해야 한다고 주장하는 의사들도 있다고 하네요).

"뼈를 연구하는 학자로서 꼭 제대로 알고 넘어가야 할

문제였다. 만에 하나 이것이 사실이라면 나는 새로운
인종 구분법을 개발한 사람이 되는 절호의 기회이기도
했다."(149쪽)

재밌게도 위의 답변은 대부분 낭설이었던 것 같습니다.
골반뼈에 나타나는 인종 간 차이에 대한 연구는 거의 없다고
합니다. 또, 여러 인종의 신생아를 비교한 연구에 따르면
아시아인이 몸무게도 키도 머리둘레도 다 작다고 해요.
탐구를 마치고 진주현 박사는 이렇게 갈음합니다. "엄마의
골반 크기나 아이의 머리둘레 문제가 아니라 아무래도 평소에
운동을 많이 해서 기초 체력이 나보다 훨씬 좋은 덕택이
아닐까." 아무래도 한국은 산'후' 조리보다는, 산'전' 관리가
많이 수정돼야 할 것 같다는 생각이 듭니다.

여담인데, 지난 편지에서 여성(소수자) 과학자라서 특별히
제시할 수 있는 연구 질문은 없을 수도 있다는 취지로
이야기를 했었죠. 그 예외가 바로 위와 같이 재생산과 관련된
주제인 것 같습니다. 이른바 '젠더 혁신'이 가장 먼저 도입된
분야도 생명과학이었고요. 더 다양한 분야에서 젠더 혁신
사례가 나오면 좋겠습니다. 기회가 되면 과학기술학자
임소연의 『신비롭지 않은 여자들』을 함께 읽고 이야기 나누는
것도 참 좋을 것 같아요.

뼈 연구가 인류와 사회에 기여하는 바

저자는 죽은 사람의 유해를 다루는 과학자답게, 죽은 사람을
둘러싼 사회적 문제에도 깊은 관심을 보입니다. 예를 들어,
멕시코와 미국의 경계인 사막에서는 해마다 500명 이상이
타는 듯한 햇볕에 바싹 마른 유해로 발견됩니다. 더 나은 삶을
찾아, 브로커의 달콤한 말에 속아, 3,000킬로미터가 넘는 사막
길에 발을 들인 뒤 결국 길을 찾지 못하고 사망하는 거죠.
밀입국자는 실종자 신고조차도 돼 있지 않은 경우가 많아,
유해를 가족의 품으로 돌려보내기가 훨씬 더 어려운 일이라고
합니다. 물론, 수십 년 전 여러 이유로 실종된 유해를 찾는 것도
쉬운 일은 아니고요.

뼈를 연구하면, 아동학대 범죄를 더 일찍 밝힐 수도 있어요.
뼈가 부러지면 오래된 세포는 죽고 그 자리에 새로운 세포가
자라납니다. 한창 자라는 아이들은 이 과정이 놀라울 정도로
빠르죠. 그 탓에 의사들이 엑스레이만으로 골절의 흔적을
찾기 쉽지 않고, 학대의 증거를 찾기도 어렵습니다. 하지만
뼈 전문들은 뼈에 남은 미세한 자국을 발견할 수 있다고
해요. 특히 아이의 갈비뼈는 아이를 잡고 미친 듯이 흔들지
않은 이상 부러지기 어렵기 때문에, 갈비뼈는 종종 의사
표현이 서툰 아이를 대신해 '저 좀 구해 주세요. 엄마 아빠가

때려요'라고 말해줄 수 있는 뼈입니다.

2021년, 생후 16개월 아이가 극심하고 지속적인 학대 결과 사망한 사건이 알려지면서 한국 사회가 충격에 휩싸인 바 있습니다. 많은 부모들이 그랬듯, 저도 참담한 마음에 관련 뉴스를 거의 읽지 못했어요. 아동 인권을 향상하는 첫걸음은 아동학대를 예방하고 제대로 처벌하는 것일 테죠. 저는 오로지 법과 제도만이 그 역할을 할 수 있다고 생각해 왔는데, 법의학이 말 그대로 아동학대 범죄를 발견하고 예방할 수 있는 줄은 처음 알았습니다. 미국에는 아동학대를 전문으로 다루는 의사와 법의학자들이 많은 반면, 한국은 아직 이 분야에 대한 연구가 제대로 이뤄지지 않고 있다는 점이 무척 안타깝습니다.

이 책이 처음 나온 2015년만 해도 '한국인' '여성' '현장과학자'가 직접 쓴 책은 정말 드물었습니다(지금도 그리 많은 건 아닙니다만). 세 키워드 중 한 가지만 만족하는 책을 꼽기도 힘들었는데, 이렇게 희귀한 책을 만난 서평 담당 기자였던 제 마음이 얼마나 기뻤겠어요? 그 이후로 진주현 박사의 활동이 알려질 때마다 멀리서 조용히 응원했답니다.

아, 여기까지 얘기했으니 이 책도 빼놓을 수 없죠. 바로 『인류의 기원』(이상희·윤신영 저, 사이언스북스, 2015년)입니다. '한국인 1호 고(古)인류학 박사'로 직접 발굴 현장을 누비는 이상희 UC리버사이드 교수가 윤신영 〈과학동아〉 전 기자와

221

함께 고인류학의 성과 22가지를 뽑아 쓴 교양서입니다. 연대기식 구성이 아니라, 일상적인 소재로 질문을 던진 뒤 해답을 찾아가는 방식으로 구성돼 있죠. 저는 이 책을 "인류를 인간답게 하는 특징들은 무엇인가"라는 질문에 대한 고인류학의 답으로 읽었어요(인류애가 '파사삭' 할 때 읽으면 좋습니다…). 특별한 에피소드도 있는데요, 출간 4년째에 10쇄를 찍으면서 표지와 본문 속 그림 일부를 남성에서 여성으로 바꿨어요. "인간의 진화를 표현한 그림에는 남자만 표현돼 있다"는 저자의 비판을 출판사가 받아들이면서 일러스트를 수정한 겁니다. 남자만 진화한 게 아니란 사실을 우리는 모두 알고 있지만, 막상 가슴 달린 선사인이 사냥을 하는 그림을 보면 낯선 충격을 받게 됩니다. 출간된 지 오래지만, 이번 편지에서 소개한 책들의 가치는 여전합니다.

오늘은 제가 너무 수다스러웠죠? 평소에 말이 그리 많은 편은 아닌데…

좋아하는 과학책 이야기를 함께 나눌 친구가 있다는 게 유독 기쁜 날이네요.

과학책에서
위로를 받는다면 꽤나
근사하지 않겠어요?

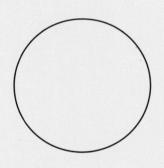

『핀치의 부리 -
다윈의 어깨에 서서
종의 기원을 목격하다』
조너선 와이너 지음, 양병찬 옮김.
동아시아 (2017)

강
연
실

『코스모스』와『이기적 유전자』를 완독하지 못한 사람,
여기에도 있습니다. 이로써 우리의 공통점이 하나 더
늘었네요. 저는 이 책의 내용과 '나'라는 사람의 삶을 연결 짓지
못해 이내 흥미를 잃었던 것 같습니다. 물론 저에게는 언제나
조금 삐딱한 마음이 있기 때문에 '필독서' 류의 목록에 오른
책들은 일부러 더 재미없다고 여기기도 했고요.

과학잡지 〈에피〉의 편집위원으로 참여하게 되면서, 크고 작은
서점을 다니며 과학책 코너를 관찰한 적이 있습니다. 스스로
'『코스모스』도 못 읽은 사람'이라는 꼬리표를 달고 불편한
마음으로요. 그 때 제가 알게 된 것은, 우리나라 출판계에서
과학 분야 시장은 매우 작고, 리처드 파인만, 올리버 색스,
스티븐 핑커와 같은 몇몇 저명한 과학자의 저술이 무척 높은
비중을 차지한다는 점이에요. 또 다른 특징은『코스모스』와
『이기적 유전자』,『과학콘서트』와 같이 출간된 지 오래된
책들이 부동의 과학 분야 베스트셀러로 자리하고 있었다는
점입니다. '고인 물'들이 여전히 주를 이뤘던 것이죠. 과학을
사랑하는 사람들에게조차 왠지 과학책이 어렵게 느껴졌던
것은, 이런 출판계의 경향도 한몫했을 것입니다.

다행히 최근 몇 년 국내 출판계에서 과학이 꽤나 핫한
키워드로 떠오르고 있습니다. 한국인 과학자들이 쓴 책도
늘어났고, 분야나 종류도 다양해졌으며, 번역되는 외서의 폭도
넓어진 것 같습니다. SF라는 장르에 대한 관심도 높아졌고,

○

활발히 작품활동을 하는 젊은 작가들의 약진이 돋보이고
있습니다.

사람들은 왜 과학책을 읽을까요? 높아지는 과학책의 인기를
취재한 한 신문 기사는 과학책 읽기 모임을 소개하며 과학의
가치를 알아가고, 과학에 대한 시민의 의식을 높이고, 또
과학의 합리성을 생활화하는 것이 과학책 읽기의 목적이라고
하더군요. 어떤 이는 철학이나 사회과학이 아닌, 과학이
시대의 담론을 이끌어 가기 때문에 과학책은 변하는 사회를
이해하기 위해서 필수적이라고 힘주어 말하기도 했고요.

이런 이유들 모두 타당하겠지만, 저는 좀 다르게 생각해
봤어요. 과학책에서 우리는 안심할 수 있는 대상을 찾는 것이
아닐까 하고요. 과학책으로 나의 '지평'을 넓히고자 한다는
아영 씨의 열린 마음과는 달리, 저는 얼마 전까지만 해도
사회적 맥락이 탈락된 과학책 읽기에 꽤나 비판적이었답니다.
끈 이론이나 우주론을 자세히 아는 것이 사회 속에서
과학이 일으키는 다양한 잡음들을 들어보는 것보다 중요할
수는 없다는, 다소 강경한 입장이었죠. 여전히 저는 과학이
사람들의 삶에 어떻게 연결되어 있는지 비판적으로 읽고
생각하는 게 중요하다고 생각합니다. 그렇지만 최근에는
온건파(?)가 되었다고나 할까요. 과학책에서 우울하지만
떡볶이는 먹고 싶은, 그런 들끓는 마음을 위로받을 수 있다면,
꽤나 근사한 일 아니겠어요? 무한한 우주, 적응하고 생존하는

동식물, 연구에 매진하는 과학자들의 이야기는 우리가 삶의 복잡한 문제에서 잠시 벗어날 수 있는 안전한 장소가 되어 줄 수도 있을 것입니다.

다윈의 어깨에 선
진화 연구의 선구자들

제가 이런 생각을 한 것은 조너선 와이너(Jonathan Weiner)의 『핀치의 부리』 덕분이라고 할 수 있습니다. 이 책은 갈라파고스의 대프네 메이저 섬에서 실시간으로 일어나는 핀치 새의 진화와, 그 과정을 실시간으로 연구하는 피터와 로즈메리 그랜트, 그리고 수많은 과학자들의 이야기를 담고 있습니다. 지구 반대편에서 과학자들이 굳건하고 성실하게 연구하고 있다는 것, 그래서 우리의 지식은 그렇게 조금씩 넓고 깊어질 것이라는 믿음을 저는 이 책에서 다시 확인할 수 있었어요.

조너선 와이너는 다윈의 진화론을 씨줄로, 현대 과학자들의 이야기를 날줄 삼아 진화의 그림을 촘촘히 그려갑니다. 자연 선택은 어떻게 일어나는가? 자연 선택은 어떻게 진화로 이어지는가? 새로운 종은 어떻게 탄생하는가? 다윈은 자연 선택이 "언제 어디에서나 기회가 생길 때마다"(36쪽) 일어난다고 강조했지만, 그것이 실제 생물 종에 영향을 끼치는 과정은 너무 느려서 눈으로 볼 수 없다고 생각했습니다. 이후 진화론자들 역시 화석과 같은 증거들을 사용해 자연 선택을 설명했지만, 역시 자연 선택이 진화를 일으킨다는 점을 직접 증명할 수는 없었어요. 피터와 로즈메리 그랜트(Peter & Rosemary Grant)가 갈라파고스에 발을 들여놓기 전까지는 말입니다. 재밌는 건, 독자인 제가 책장을 넘길수록 마음이 편해진 것과 달리, 이 책이 들려주는 '진화'는 매우 역동적이고 때로는 폭력적이기까지 하다는 것입니다. 과학자들이 요동치는 진화의 현장에서 고군분투하는 만큼 생명의 변화에 대한 우리의 이해는 매우 빠르게 변화하고 있었습니다.

그랜트 부부는 1973년부터 거의 매년 갈라파고스의 대프네 메이저 섬을 방문하며 핀치를 관찰했습니다. 그 결과 그들은 진화가 서서히 일어나지도, 고요하게 일어나지도 않는다는 것을 보여주었습니다. 오히려 모든 과정은 매우 빠르고 가혹하게 일어났지요. 심한 가뭄이 들자 부리가 두껍고 커서 단단한 남가새 열매를 잘 깨서 먹을 수 있는 큰 땅 핀치의 생존률이 높아졌습니다. 대홍수로 작은 씨앗이 매우 풍족해지자, 부리와 몸집이 작은 핀치들이 더

잘 생존했습니다. 이때 각 개체의 생존과 죽음을 결정하는
것은 고작 0.5밀리미터의 부리 크기 차이였습니다. 1949년
진화학자 홀데인은 진화의 속도를 나타내는 단위로 '1다윈'을
제안했는데, 이것은 생물체의 어떤 형질에 나타난 길이
변화가, 예를 들어 핀치 새의 부리 두께 변화가, 100만 년 동안
1퍼센트 일어났다는 의미입니다. 계산법에 따르면 다프네
메이저 섬에서 가뭄 때 일어난 변화의 속도는 무려 25,000
다윈이었습니다.

이후 그랜트 부부는 공동 연구를 통해 BMP4라는 유전자가
자연 선택의 압력 속에 핀치 부리의 크기를 결정하는 데
핵심적인 역할을 한다는 것을 발견했습니다. 개체 간의 변이를
결정하고, 후대에 전달하는 유전자의 실체를 확인한 것이죠.
이것은 다윈은 알 수 없었던 '유전'의 메커니즘입니다. 『종의
기원』이 발간된 지 150주년이 되던 2009년에 그랜트 부부는
핀치의 새로운 발단종(incipient species)의 탄생에 대한 논문을
발표했습니다. 자연 선택을 통해 종의 분화가 일어난다는
다윈의 주장을 그랜트 부부가 입증한 것입니다.

피터와 로즈메리 그랜트의 핀치 연구는 다양한 환경 조건의
변화에 의해 진화가 실시간으로 일어난다는 것을, 그리고
그 과정을 통해서 새로운 종이 탄생한다는 것을
보여주었습니다. 다윈주의 진화관에서는 종의 완성된
모습이라는 것은 없으며, 그렇다고 해서 앞으로 나아가는

○

것이 언제나 진보나 발전을 의미하는 것은 아닙니다. 핀치는, 그리고 모든 생물 종들은, 환경을 끊임없이 살피고, 변화하고, 적응하고, 그 결과 살아남거나 혹은 죽음에 이르게 됩니다. 핵심은, 생명은 끊임없이 변화한다는 것입니다. 와이너는 "원자처럼 움직이는 진화의 모습, 살아 있는 진화의 모습은 '생명이 무엇인가'라는 우리의 현실감각은 물론, 또 '우리가 생명으로 무엇을 할 수 있는가'라는 우리의 권력감각에도 엄청난 영향을 미친다"고 강조합니다(206쪽). 하나의 생물 종으로써 인간의 위치와 역할에 대해 다시 생각해 볼 것을 제안하죠.

저에게는 저자가 '과학'을 시대를 초월하는, 인간의 특별한 집단 기억으로 재정의한 것이 매우 인상적이었습니다. "과학은 우리의 특수한 집단기억, 즉 종기억(species memory)을 정형화한다. 각 세대는 과학을 통해 앞 세대의 발자취를 따라가 그들의 어깨를 딛고 일어서서, 그들이 배운 것 위에 새로운 지식을 추가한다. 각 세대는 앞선 세대의 지식에서 배울 만한 것들을 선별하고, 다음 세대에게 물려줄 과학적 발견들을 간직하므로, 우리는 점점 더 높은 산에 올라 점점 더 멀리 바라보게 된다."(465쪽) 과학은 이렇게 조금씩 깊어지고 넓어질 것입니다.

필드와 연구실, 과학이라는
합동 작품이 만들어지는 현장

『핀치의 부리』는 진화를 훌륭하게 설명하고 있기도 하지만, 새로운 과학 지식이 만들어지는 과정을 아주 잘 보여주기도 합니다. 특히 이 책의 생생한 묘사를 통해서 독자는 필드 과학(field science)을 간접적으로 경험할 수 있습니다. 필드 과학이란 말 그대로 야외에서의 조사 및 탐사 활동이 중요한 부분을 차지하는 과학으로 실험실 과학과 대비할 수 있습니다. 실험실에서의 연구 활동은 탐구하고자 하는 질문을 증명할 수 있도록 인공적으로 통제 가능한 조건을 만들어낸다면, 필드 과학에서는 연구 대상에 대해 제한적으로 개입하면서 관찰하고, 시료를 채취하고, 기록합니다. 실험실 과학이라고 언제나 예측과 통제가 가능한 것은 아니지만, 필드 과학은 유난히 날씨와 같이 통제 불가능하고 변화무쌍한 요인들에 크게 좌우되겠지요.

필드 과학이라고 해서 다프네 메이저에서 모든 연구가 끝나는 것은 아닙니다. 피터와 로즈메리 그랜트가 다윈의 어깨에 서서 핀치 새의 진화를 목격할 수 있었던 것은 연구실에서 여러 과정까지 거친 후에야 비로소 가능했습니다. 과학자들은 가장 먼저 다프네 메이저에서 선인장 가시에 찔려 가며 작은 핀치들을 쫓아 부리의 길이와 몸무게를 재고, 새들의 다리에 고리를 걸고, 알의 개수, 짝짓기 횟수를 세고, 먹이의 종류를 조사합니다. 이 모든 정보는 방수 코팅이 된 노트에 빼곡히 적어 넣은 후, 프린스턴 대학의 연구실로 가져옵니다. 컴퓨터에 입력하고, 오류를 확인하고, 분석하는 몇 달의 지난한 과정을 거친 뒤에 진화의 모습은 비로소 어렴풋이 나타납니다. 여기에는 버니어 캘리퍼스나 저울, 연필과 노트 같은 단순한 기술부터 1976년부터 1991년까지 관측 데이터가 저장된 "5,575킬로바이트짜리 파일"(211쪽)이 든 디스켓, DNA 분석과 같은 당시의 최첨단 기술까지 골고루 동원되었습니다. 그러니 진화가 진짜로 목격된 곳은 갈라파고스가 아니라 프린스턴 대학의 연구실이라고 해도 과언이 아니지요.

핀치 진화의 과학은 여러 과학자들의 합동 작품이기도 했습니다. "엘 그루포 그란트(El Grupo Grant)"나 "국제핀치 조사단"과 같은 별명들이 보여주듯, 40여 년에 걸친 핀치 연구에는 여러 대학원생과 현장 보조원의 역할도 매우 중요했습니다. 조너선 와이너는 다프네 메이저 섬에서 이어져 온 핀치 조사 활동을 생생하게 묘사하면서 솜씨 좋게 여러 연구자들을 함께 소개합니다. 예를 들어, 현재 시카고 대학의 교수로 있는 트레버 프라이스(Trevor D. Price)는 핀치의 성 선택에 대한 연구를 진행했으며, 현재 오하이오 주립대학의 교수인 라일 깁스(Lisle Gibbs)는 1982년에 발생한 매우 강력한 엘니뇨로 인한 대홍수가 핀치의 먹이, 짝짓기, 그리고 진화

방향을 어떻게 변화시키는지 연구한 장본인입니다. 구피와 같이 다른 동물에 대한 연구들은 핀치 진화 연구를 효과적으로 뒷받침했습니다. 진화라는 그림은 수많은 과학자들이 지식의 조각들을 이어붙이며 조금씩 그려지고 있습니다.

이러한 이 책의 서술 방식은 다윈과 핀치를 둘러싼 신화적 서사들이 빚어내는 오류를 정면으로 반박하는 것이기도 합니다. 여러 위대한 과학자들에 대한 이야기들에는 과장과 거짓이 많이 섞여 있고(갈릴레오는 피사의 사탑에서 공을 떨어뜨리지 않았고, 뉴턴은 사과가 떨어지는 것을 보고 중력을 떠올리지 않았습니다), 다윈과 진화론도 예외는 아닙니다. 비글호를 탄 다윈과 핀치새, 그리고『종의 기원』으로 이어지는 '신화'는 실제로 다윈이 진화 개념을 정립해 나가는 데 중요한 역할을 했던 동시대 여러 인물들과 "비둘기와 흉내지빠귀를 모두 배경에 배치하고, 다윈과 핀치를 전면에 내세움으로써 스토리를 단순화"합니다(81-82쪽). 와이너는 그랜트 부부를 다윈처럼 신화적 인물로 내세우지 않습니다. 그랜트 부부와 핀치는 분명 진화 연구의 중심에 서 있지만, 이 이야기의 유일한 주인공은 아닌 것이지요.

과학책에서 위로를 받는다면 꽤나 근사하지 않겠어요?

그랜트 부부의 경력은
왜 다른 모양인가

피터와 로즈메리 그랜트 이야기를 좀 더 해 볼까요. 와이너는
두 과학자가 어떻게 동료로서 하나의 유닛으로 일하는지
상세히 묘사합니다. 그랜트 부부의 동료 중 하나는 이들의
파트너십에 대해서 이렇게 이야기하죠.

> "그들은 부부가 세트로 일해요. 하나의 단위로서
> 일하는 거죠. 세상은 그들이 수행한 연구 중 상당 부분을
> 피터에게 귀속시키지만, 그건 뭘 모르고 그러는 거예요.
> 실제로 두 사람은 개개인을 초월하여 시너지 효과를 내고
> 있어요."(214쪽)

사람들이 피터 그랜트의 기여가 더 높다고 여기는 까닭은
아마도 대학에서 부부의 지위에 차이가 있었기 때문일
것입니다. 피터와 로즈메리 그랜트는 1960년 브리티시
콜럼비아 대학에서 처음 만났다고 합니다. 로즈메리는
발생학, 세포학, 유전학 등을 가르치고 있었고 대학원생이었던
피터는 로즈메리의 조교였습니다. 피터 그랜트가 1964년에
박사학위를 받고 곧 지나지 않아 정년 교수 트랙을 따라
승진하고 이직하는 동안, 로즈메리 그랜트는 그와 함께 옮겨

다니며 연구과학자(research associate 혹은 research scholar)의
타이틀을 유지했습니다. 로즈메리 그랜트는 1985년이
되어서야 스웨덴 웁살라 대학에서 박사학위를 받았다고 해요.

와이너는 부부 과학자의 파트너십을 강조하기는 하지만,
어째서 그랜트의 선생이었던 로즈메리의 박사학위는
늦어지게 되었는지, 그리고 정년 트랙의 교수가 아닌
연구과학자로서 오랜 기간 일하게 되었는지에 대해서는
관심을 갖지 않는 것 같습니다. 이러한 사실은 책에서 빠져
있어요. 다만 부부의 두 딸이 어느 정도 성장했기 때문에
로즈메리 그랜트가 더욱 본격적으로 연구에 집중할 수 있게
되었다거나, 로즈메리가 딸들의 홈스쿨링을 담당했다는 아주
짧은 몇 개의 문장을 통해서 독자들은 그 이유를 짐작할 수
있을 뿐입니다.

책의 내용과 별개로 이 점은 꼭 짚고 넘어가고 싶어요. 제가
읽은 번역본에서 피터는 반말을, 로즈메리는 존댓말을
서로에게 사용하고 있습니다. 책이나 영화에서 남녀 사이의
대화를 번역할 때 흔히 보이는 패턴인데, 주로 남성은 반말을,
여성은 존댓말을 하죠. 피터와 로즈메리가 동갑내기이자
오랜 동료라는 사실, 그리고 저자가 한 팀으로서 두 과학자의
관계에 주목하고자 한 의도를 고려한다면 이러한 번역은 매우
아쉬운 부분이 아닐 수 없습니다.

과학책이 위로를 건넬 수 있다면

아영 씨, 저는 사실 소설을 잘 못 읽습니다. 소설에 몰입하려면
작가가 안내하는 대로, 그가 그려놓은 세계에 걸어 들어가야
할 텐데, 저는 매번 그 입구에서 완전히 발을 들여놓지 못하는
기분이랄까요. 논점을 파악하고 분석하는 읽기를 익히려고
애쓴 탓에 감상하는 읽기를 잃어버린 느낌입니다. (물론
고수들에게는 두 가지가 자연스럽게 이뤄지겠지만요!)
아영 씨와 그간 나눈 대화들에서도 저는 날을 잔뜩 세우고
책들을 대했던 것 같습니다.

그런 저에게 『핀치의 부리』는 새로운 읽기의 경험을 선사해
주었습니다. 책장들 속에서 생명은 변화하고, 과학은
깊어지고 있었고, 그런 단순한 사실들을 확인하며 저는
위로받고 있었어요. 작은 날개를 파르르 떨면서 선인장
사이를 날아다니는 핀치와 가시에 찔려 가며 그 뒤를 쫓는
진화과학자들의 세상에서 말입니다. 과학책이 위로를 건넬
수 있다면, 우리에게는 과학책을 펼쳐 볼 큰 이유가 또 하나
생기는 것 아니겠어요?

그러면 그냥
넘어가면 된다는 걸
깨달았어요

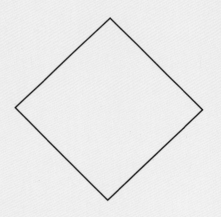

『모든 사람을 위한 빅뱅 우주론 강의 –
한 권으로 읽는 우주의 역사』
이석영 지음.
사이언스북스 (2017)

우
아
영

우리 둘 사이의 차이점을 찾았어요! 저는 꽤 오랫동안 복잡한 지식이 그득한 두꺼운 '벽돌책'이 과학책의 미덕이라고 여겼거든요. 사회적 맥락이 탈락된 과학책이 과학이라는 학문의 본질을 온전히 담고 있다고 생각했습니다. 하지만 지금은 이런 관점이 여러 가지 의미로 '틀렸다'고 생각하고, 연실 씨가 지난 편지에 언급한 "과학이 사람들의 삶에 어떻게 연결되어 있는지 비판적으로 읽고 생각하는 게 중요하다"는 입장에 공감합니다. 우리는 중간에서 만난 셈이네요!

그럼에도 여전히, 굳건하고 성실한 과학자들이 펼쳐내는 이야기는 울림을 주곤 합니다. 각자의 자리에서 거인의 형상을 만드는 데 기여하고, "내가 여기 머리카락 한 올 만들었다!" 하고 자랑하는 것 같달까요. 이번 편지에서는 저도 "시대를 초월해 축적된 인간의 특별한 집단 기억"에 대해 본격적으로 이야기해볼까 합니다.

시간은 2014년 3월로 거슬러 올라가요. 대형 사건이 터졌습니다. 미국 연구진이 "남극에 설치한 전파망원경을 통해 우주배경복사를 관측해 원시 중력파를 최초로 검출했다"고 밝혔죠. 천문학계가 축제 분위기에 휩싸였을 뿐만 아니라 전 세계 언론도 '세기의 발견'이라는 제목으로 긴급 뉴스를 내보냈어요.

그런데 그 순간, 서울 용산 어느 건물 7층 사무실 한구석에서

앉아 정수리로 땀을 흘리던 여자가 하나 있었습니다. 네, 그게
바로 저예요. 당시 제가 기자로 있던 〈과학동아〉 4월호를
인쇄하기 4일 전쯤 뉴스가 터졌기 때문이었죠. 나흘 만에
취재부터 기사 작성, 그래픽 디자인까지 모든 걸 마무리해야
했습니다. 그 중대하고 급박한 뉴스는 단연 경력 많은 선배의
몫으로 떨어졌고, 막내 기자였던 저는 온갖 지면이 날아다니는
카오스 같은 편집부 풍경을 바라보며 뒤에서 조용히 이런
생각을 했습니다. '우주배경복사가 뭔데? 중력파는 또 뭐야?
그걸 검출한 게 왜 대단한 거지?'

아무리 막내라도 명색이 과학기자라면서 그것도 모르냐는
말을 들을까 봐, 꼬리를 잇는 의문들을 조용히 삼켰습니다.

나만 모르던 그 축제

그 축제의 사정은 이렇습니다(빅뱅이론의 세부 사항은 들어도
들어도 헷갈리니까 이렇게 한 번 더 설명하면서 제가 알고
있는 게 맞는지 거듭 확인하는 저를 용서해 주세요). 대폭발로

우주가 생성됐다는 '빅뱅 우주론'에는 한 가지 이론적 맹점이 있었습니다. 현재 우주는 전체적으로 온도가 거의 균일한데, 그러려면 우주 나이보다 훨씬 더 긴 시간이 필요하다는 계산이 나왔죠(우주의 지평 문제). 이 문제를 보완하기 위해 1980년대에 '급팽창' 모델이 제시됐습니다. 대폭발 이후 '아직' 작았던 우주의 정보 교환이 먼저 이뤄졌고, 이후 우주가 확 커졌다는 이론입니다.

그런데 이 급팽창이 정말 존재했는지를 알 수 있는 거의 유일하고도 직접적인 증거가 바로 우주 초기의 중력파입니다. 잔잔한 호숫물에 돌을 던지면 물결파가 생기듯, 시공간이 흔들리면 중력파가 생깁니다(아인슈타인이 일반상대성이론에서 예측). 우주 초기 중력파는 바로 급팽창이 남긴 흔적이 되는 셈입니다.

과학자들은 이 중력파를 관측하려고 무려 35년에 걸쳐 노력했지만 실패했고, 우주론 학자들이 이를 보완할 복잡한 이론을 만들고 있던 터였어요. 그런데 드디어 그 기다리고 기다리던 원시 중력파를 검출해냈다? 전 세계 과학자들이 얼마나 흥분했겠어요?(하지만 정말 아쉽게도 당시 바이셉2의 관측 결과는 중력파가 아닌 다른 잡음으로 밝혀졌습니다. 그리고 다음 해 미국 라이고(LIGO) 관측소에서 두 개의 거대한 블랙홀이 충돌해 생긴 중력파를 최초로 포착해 연구진이 2017년 노벨물리학상을 받았죠.)

우주가 경이롭다고?

이석영 연세대 천문우주학과 교수가 쓴『모든 사람을 위한
빅뱅 우주론 강의』는 그 당시 사무실 한구석에서 입을 꾹 닫은
채 아는 척하고 있던 제가 급한 마음에 집어 든 책이었습니다.
일단 크기가 작았어요. 분량도 많지 않았어요. 그러다가 책에
마음을 쏙 빼앗겼고 결국 스며들었습니다. "당신의 우주는
얼마나 큰가요?" 그러니까, "당신의 삶에 실제로 관계된다고
생각되는 영역을 묻는 겁니다"라고 시작하는 1장에서
서울과 제주 간 거리가 0.002광초이며, 태양계의 크기는
1광년, 그 태양계를 한쪽 옆구리에 품은 우리은하의 크기는
10만 광년, 최초의 은하들은 100억 광년 전에 태어났다고
단숨에 훑어내는 솜씨에 감탄했습니다. 그뿐 아니라, "우리
몸의 대부분을 구성하는 물의 주원료인 수소는 거의 전부가
빅뱅 우주 초기 3분간 만들어졌다. 우리 몸이야말로 우주
탄생의 비밀을 알고 있는 최후의 증인"이라며 순식간에
빅뱅 우주론을 '나'의 문제로 환원하는 글맛이 대단히
흥미로웠어요. 게다가 초보자의 흥미를 잡아끄는 이유는
또 있었습니다. '우주의 발달'이 아닌 '우주 이론의 발달'의
측면에서 이야기를 진행하고 있었기 때문이에요.

솔직히 말하면, 우주가 경이롭고 아름답다는 말에 별로 공감해

◇

본 적이 없습니다(왠지 연실 씨도 그럴 듯. 하하하). 은하를
찍은 휘황찬란한 사진이 사실은 컴퓨터 그래픽 작업을 거친
결과물이라는 사실을 알고 난 이후로는 더욱 그랬죠. 물론
과학자의 '아름답다'는 말이 눈으로 보기에 예쁘다는 의미가
아니라 거대한 우주를 움직이는 법칙에 대한 심미적 경험을
함축한 말이겠지만, 한 장을 넘기기가 무섭게 "오, 너무
경이롭지 않나요?" "오, 너무 아름답지 않나요?"라고 외치는
책을 만나면 "알았으니까, 그만해!"라고 되받아 주고 싶은
심정이 되어 버립니다. 그도 그럴 것이, 예를 들어 대통일
시대 우주의 온도인 "1억 곱하기 1억 곱하기 1억 곱하기
1000도"라는 건 지구 위의 삶에서 체득할 수 있는 맥락이
아니기 때문입니다. '천문학적인 숫자'라는 비유가 괜히 나온
게 아닌 거죠. 두 눈에 담기지 않고 상상하기조차 어려운
존재로부터 심미안을 탐하기란 쉽지 않은 일입니다.

하지만 우주를 설명하는 이론, 그러니까 우주론이 발달해
온 역사라면 얘기가 달라져요. 대자연의 비밀을 풀려는
'사람들'의 이야기이기 때문입니다.

그러면 그냥
넘어가면 된다는 걸
깨달았어요

빅뱅 우주론을 둘러싼 드라마

1920년대 제안된 팽창 우주론(빅뱅 우주론)은 사실 처음엔 큰
호응을 받지 못했습니다. 그런데 1960년대, 신호의 잡음을
제거하려던 전파 천문학자들이 초기 우주의 전 방향에서
날아온 빛 입자들(우주 배경 복사)을 발견하게 되면서 세계는
드디어 빅뱅 우주론에 귀를 기울이게 됐어요. 하지만 앞서
언급했듯 당시엔 몇 가지 이론적 맹점이 있었는데, 또
그로부터 20여 년이 흐른 1980년대에 급팽창 모델이 새롭게
제안되면서 빅뱅 우주론이 안고 있던 대표적인 세 가지
문제가 단번에 해결됐습니다. 하지만 이론에 따르면 에너지
밀도가 현재 관측되는 것보다 더 커야 한다는 문제가 남아
있었는데요, 그 문제를 해결하는 과정에서 암흑 에너지의
존재가 예측됐고, 초신성 관측 결과로 그 존재가 입증됐죠.

이 모든 과정을 살피면서 떠오른 단어가 있습니다.
'엎치락뒤치락'. 현대 우주론을 둘러싼 드라마를 형용한다면
아마 이 단어가 적절할 것 같습니다. 우주의 작동 방식을
찾으려 복잡한 이론을 세우고, 그 이론의 문제를 해결하기
위해 또 다른 모델을 제시하는 사람들. 때로는 전혀 엉뚱한
연구에서 실마리를 찾기도 하고, 그렇게 만든 이론을 입증하기
위해 관측 기기를 만드는 사람들. 그렇게 관측한 결과가

이론으로 예측한 값과 놀랍도록 정밀하게 일치할 때의 쾌감.
그 결과를 처음 받아 든 과학자들의 심정이 어떠했을지,
상상하는 것만으로도 제 가슴이 두근거립니다.

물론 이 책이 이해하기 쉽게 쓰여 있다는 말을 하려는 건
아니에요. 우주론은 어렵죠. 어려운 게 당연하고요. 앞서도
언급했지만, 안락한 대기에 둘러싸인 지구 위에서 평생을
살아온 사람이 그 바깥의 우주를 상상하기란 어려운
일이니까요. 가시광선이 아닌 전자기파로 별을 본다는 건
무슨 의미인가요? 3차원 안에서 살아온 사람이 어떻게 그보다
고차원에서 3차원 공간의 휨을 상상할 수 있나요? 게다가 온갖
전문 용어를 접하다 보면, 동사와 조사만 알 것 같은 문장도
나온다고요! 수십 년에 걸친 수없이 많은 연구가 집약돼
정리된 분야가 현대 우주론이니, 그 배경지식을 아는 데만도
한세월입니다. 그래서 우주론 책들이 흔히 벽돌책이 될 수밖에
없는 거고요.

그러면 그냥
넘어가면 된다는 걸
깨달았어요

우주론의 역사는 현재 진행 중

그런데 제가 이 책을 읽으면서 깨달은 것은 "그러면 그냥 넘어가면 된다"는 거였어요. 멀찍이 서서 전체 그림만 한번 훑어도 좋다고요. 급팽창, 우주배경복사, 암흑물질, 암흑에너지라는 개념을 한번 살펴본 것만으로도 어느새 나도 모르게, 나만 모르던 그 축제에 참여할 준비가 된 것 같은 기분이 들거든요. "암흑물질의 유력한 후보 입자가 검출됐다"거나 "사실 암흑에너지는 존재하지 않는다" 같은 뉴스에 (잘 모르면서도) 귀가 트이는 거죠. 드디어 아는 척할 수 있게 된 거예요!

그러다 보면 우주와 우주론의 아름다움에도 어느새 눈뜨게 될 수도 있지 않을까 하는 희망을 품게 됩니다. 이론학자와 관측학자, 거대한 기기를 조립하고 가동하는 엔지니어까지, 수많은 사람들이 백 년에 걸쳐 풀어낸 우주의 비밀이 4%라는 점, 나머지 96%(암흑물질과 암흑에너지)는 여전히 베일에 싸여 있다는 사실로부터 우주의 광대함을 느끼게 됩니다. 정교한 이론과 꼼꼼한 관측을 통해 그 비밀을 풀고자 노력하는 사람들과 한 시대를 함께 살고 있다는 사실이 묘한 흥분감을 줍니다. 우주의 역사는 먼 과거의 일이지만, 우주 이론의 역사는 지금 나와 함께 현재 진행 중이니까요.

특히 이 책은 우주론을 접해본 적이 있는 사람에게 더욱
권하고 싶은 책입니다. 몇 년에 걸친 강의의 관록이 녹아 있는
책답게 구조가 무척 탄탄해요. 저자는 차분하게 논리적인
설명을 한참 이어가다가 "이것이 바로 OOO다"하는 식의
정리를 자주 하는데, 우주론을 어렴풋이 알던 사람에게 굉장히
짜릿한 쾌감을 선사합니다. 예를 들면 "와, 여기까지 문제없이
따라오면서 이해했는데, 이게 바로 우주배경복사였구나!
이제 우주론을 다 이해한 것 같아!"하고 말이에요. 머릿속에
산재하던 관련 용어들이 드디어 하나로 꿰어져 역사로 흐르기
시작합니다.

진리를 찾아
헤매는 사람들이 있다는 것

과학책을 '영업'하면서 느낀 어려움은, 이게 왜 재미있는지를
설명하기가 난해하다는 점이었어요. 사실 재미를 '설명'한다는
건 애초에 역설이죠. 농담을 설명하기 시작하는 순간 김이
새어 버리는 것처럼 말입니다. 과학기자를 하는 동안 가장

그러면 그냥
넘어가면 된다는 걸
깨달았어요

많이 들은 질문이 "과학 뉴스를 왜 봐야 하죠?" "과학이 우리 삶에 무슨 상관이 있죠?" 같은 것들이었는데, 저는 늘 궁색한 답변만 내놓기 일쑤였어요. "아인슈타인의 상대성이론 덕에 내비게이션을 쓰고 있는걸요?" "과학을 알면 돈을 벌 수 있어요." "과학 연구에 당신 세금이 쓰이고 있으니까요."(와, 다시 봐도 이건 좀…) 이조차도 당위를 들먹이는 이야기였지, 순수한 지적 재미를 영업한 건 아니었죠.

삼십 대 중반이 되어 찾은 저만의 답은 이렇습니다. 과학책을 읽으면 '진리'라는 것을 찾아 헤매는 사람들을 발견하게 되고, 어느새 그로부터 위안을 얻었던 것 같다고요. 모두가 합의한 수학이라는 언어로, 과학적인 방법론에 따라 우주의 역사를 논리적으로 기술하는 일을 하는 사람들이 있다는 데서 안도감이 느껴진달까요. 더 이상 밤하늘의 반짝이는 별빛을 보면서 눈을 반짝이지도, 하늘의 높이가 얼마나 되는지 궁금하지도 않고, 아는 것과 가진 것이 늘어날수록 두려움만 커져가고, 그래서 엄마의 눈에 세상은 혼탁하고 무서운 것으로만 가득가득 차 있는 것만 같고, 딸아이가 살아갈 미래가 암울하게만 느껴질 때도 있지만, 우주의 비밀을 풀려고 혼신의 힘을 다하는 사람들이 있음을 안다는 게 제게는 작은 용기를 줍니다.

연실 씨. 지난 편지에서 "무한한 우주, 적응하고 생존하는 동식물, 연구에 매진하는 과학자들의 이야기는 우리가 삶의

복잡한 문제에서 잠시 벗어날 수 있는 안전한 장소가 되어
줄 수도 있을 것"이라고 하셨죠. 이 말에 무척 공감하면서도,
한편으론 그 어떤 이야기로도 위로가 되지 않을 거대한 상실이
우리의 삶에 닥쳐올 수 있다는 사실 또한 떠오릅니다. 지구가
속한 광활한 우주가 아니라, 나를 구성하고 있던 나만의
우주를 멀리 떠나보내야 할 때도 있으니까요. 부디 연실 씨가,
그리고 우리가, 단단하고 또 단단해지기를 바래봅니다.

그러면 그냥
넘어가면 된다는 걸
깨달았어요

어른의 삶이
지켜야 할 것을
지켜내는 것이라면요

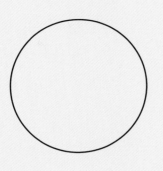

『세계의 끝 씨앗 창고 –
스발바르 국제종자저장고 이야기』,
캐리 파울러 글, 마리 테프레 사진, 허형은 옮김.
마농지 (2021)

강연실

아영 씨의 편지를 읽고 나니 과학책을 대하는 마음이 조금 가벼워지는 것 같습니다. 과학은 당연히 어렵고, 어려운 것은 그냥 넘어가면 되는 것이었어요! (시험을 보는 것도 아니고요!)

과학책에서 만난 사람들에게서 용기를 얻었다는 것, 저도 많이 공감합니다. 어른이 되면 용감해질 줄 알았는데, 실상은 반대라는 걸 누가 알았을까요? (10대의 저에게 누가 그렇게 말해줬다 해도 아마 눈곱만큼도 안 믿었을 겁니다) 온통 용기를 내야 하는 일들 뿐입니다. 그 중의 일등은 한 손에 꼭 쥐었던 것을 내려놓는 것이 아닌가 생각해 봅니다. 두 손으로 더 중요한 걸 움켜쥐기 위해서요. 최근까지 저의 삶은 온통 '나'로 이뤄져 제 일과 경력, 즐거움이 모든 것의 우선순위였는데, 어느덧 제가 통제할 수 없는 여러 변수들이 등장해 하루하루가 꽤나 어려운 방정식이 되어버렸습니다. 아영 씨는 빅뱅처럼 커가는 우주를 가진 귀여운 작은 사람과 함께 살고 있으니, 저보다 더 잘 아시겠지요. 매일매일 흔들리고 갈등하면서도 두 손으로 붙든 것을 놓지 않기 위해서 중심을 잡아가는 것. 좀 우습게 들리겠지만, 이럴 때 저는 '어른의 삶이란 이런 것인가?' 하는 생각을 하곤 한답니다.

'그럼에도 불구하고' 우리가 만난 과학자들은 한 발 한 발 내딛었습니다. 그게 꼭 앞으로 나가는 것이 아니라고 할지라도요. 그래서 과학책은 "힘들지? 괜찮아"하며 다독이기만 책들과는 좀 다른 것 같습니다. 달콤한 말은 않지만, 가만히 옆에 앉아 있다가 때가 되면 손잡고 함께 걸어주는 친구 같은 느낌이에요. 오늘 소개할 책도 우리의 인류애를 지켜주는 듬직한 존재에 대한 것입니다. 다만, 주인공이 사람은 아니랍니다.

북유럽 산골짜기 종자 요새

여기, 노르웨이의 눈 덮인 산 중턱에 쐐기처럼 박힌 삼각형 모양의 콘크리트 구조물이 있습니다. 푸른빛을 내는 유리와 금속의 설치작품 아래 출입구를 지나, 강철 튜브가 감싸진 천장과 파이프가 복잡하게 얽힌 터널을 따라 130미터쯤 들어갑니다. 자물쇠와 보안장치들로 잠긴 문들을 겹겹이 통과하면, 어느새 주변의 공기는 점점 차가워집니다. 얼음으로 뒤덮인 다섯 번째 문을 엽니다. 가로 9.5미터, 세로 27미터, 높이는 약 5미터인 방은 형광등으로 비춰 환하게 밝고, 설치된 선반 위로 종이, 플라스틱, 나무로 만든 각양각색의 상자들이 빼곡히 쌓여 있습니다. 이곳은 바로 전 세계에서 모인 종자가 보관되어있는, 스발바르 국제종자저장고(Svalbard Global Seed Vault) 입니다.

『세계의 끝 씨앗 창고 : 스발바르 국제종자저장고 이야기』는 작물다양성 보존이 왜 필요한지를 시작으로 스발바르 국제종자저장고의 초기 제안부터 계획, 건설, 운영에 대한 내용을 눈부신 북극의 풍광 사진과 함께 담고 있는 책입니다. 이 책을 쓴 농학자 캐리 파울러(Cary Fowler)는 국제식량문제와 작물다양성 문제에 앞장서 왔고, 스발바르 국제종자저장고의 제안부터 설립까지 모든 과정을 이끈 인물이라고 해요. 스발바르 국제종자저장고는 각국의 종자은행에 보관된 씨앗들이 예산 부족, 시설관리 미비, 내전 같은 정치적 불안이나 재난 등 다양한 문제로 영원히 소실되는 것을 방지하고자 지어졌습니다. 종자은행들의 씨앗들은 각 지역에서 작물의 육종과 식량 생산에 활용되는데, 만일의 사태를 대비해 국제종자저장고에 여분의 종자를 위탁 보관하는 것이지요. 은행들의 은행 역할을 하는 셈입니다. 보관된 종자는 소유권을 가진 위탁기관이 요청할 때만 오로지 이 북극의 요새를 떠날 수 있습니다.

어른의 삶이
지켜야 할 것을
지켜내는 것이라면요

천 년을 내다보는 일

저는 미래와 기술, 디자인을 주제로 한 미술관 전시에서
스발바르 국제종자저장고에 대해 처음 알게 되었고, 이후 줄곧
언젠가 이곳에 직접 가 볼 수 있기를 꿈꾸고 있습니다(그러나
아쉽게도 보관된 종자의 안전을 위해 국제종자보관소는
방문객을 받지 않는다고 해요). 처음 저를 매료시켰던
것은 건물 그 자체의 아름다움이었어요. 캐리 파울러는
건축가 페테르 쇠데르만의 설계를 보고 "숨이 멎도록 멋진
동시에 너무나도 북유럽적인 디자인"이라고 생각했다고
합니다(120쪽). 한때 유행했던 '북유럽풍'의 정수가 바로 이런
것일까요? 군더더기 없이 지어진 콘크리트 건물은 저한테는
마치 눈 덮인 산에서 씨앗들을 준엄하게 지키는 산신처럼
느껴졌답니다.

전 세계 종자들을 모아 영구 보관할 수 있는 시설을 짓는
과정에서 환경, 제도, 법, 재정, 안전 등 수많은 요소들이
고려되어야 했습니다. 노르웨이의 안정된 사회와 국제적
신뢰 관계, 인구와 동떨어져 있으면서도 종자를 이동하기
편한 교통과 안정된 전력 공급이 가능했던 롱위에아르뷔엔
시의 기반 시설, 추운 북극의 자연환경과 지질학적인 특징은
국제종자저장고가 들어서기에 안성맞춤인 환경을 제공한다는

것이 이 프로젝트를 진행한 과학자들의 생각이었습니다.

제게 흥미로웠던 것은 세계의 작물다양성을 지키기 위한
종자저장고 아이디어가 오래된 탄광 시설에서 비롯되었다는
점이에요. 20세기 북유럽의 산업화를 이끌었을 탄광 시설이
22세기 농업의 미래를 품게 되었다니, 흥미롭지 않나요?
종자저장고가 지어진 롱위에아르뷔엔은 1906년 처음 이곳에
탄광을 설립한 미국인 사업가 존 롱이어의 이름을 따서 지었을
만큼 역사적으로 석탄산업이 중요한 위치를 차지해왔다고
합니다. 석탄을 캐낸 자리에 씨앗이 저장된 것은
1984년부터입니다. 북유럽 유전자은행은 스발바르의 광산
갱도에 백업 종자를 보관해 오면서 동시에 갱도의 환경에서
종자의 보존 효과를 알아보는, 백 년 예정의 실험을
진행 중이었습니다. 2004년 캐리 파울러가 국제농업연구협의
그룹과 유전자은행 관련 회의에서 종자저장고 아이디어를
제안했을 때 백 년의 실험은 곧 천 년을 내다보는 일로
바뀌었습니다. '빨리빨리'의 민족에게는 백 년이 소요되는
실험을 계획한 것도 놀라운데 말이죠.

어른의 삶이
지켜야 할 것을
지켜내는 것이라면요

자연을 저장하기

국제종자저장고 건물과 운영체계는 종자를 "오랫동안
안전하고 경제적으로" 보관하는 것에 집중해서
만들어졌습니다. "모든 것을 단순화하기, 저비용 유지하기,
시설이 인간의 지나친 개입이나 잠재적 오류에 가능한 한
노출되지 않고 사실상 스스로 작동하게 하기, 기계적 냉각
시스템이 고장 나더라도 알아서 온도가 유지되게 하기."(131쪽)
이러한 원칙에 따라 국제종자저장고는 지하 깊숙한 곳
온도가 낮은 영구동토층 안에 지어졌고, 가로 9.5미터, 세로
27미터, 높이는 약 5미터에 달하는 세 개의 저장고는 벽면을
구태여 매끄럽게 다듬지 않은 동굴 모양을 하고 있습니다.
수돗물도, 직원도, 변기도 없는, "오로지 종자의 냉동 보관에만
초점을 맞춘" 시설로 만들어졌습니다(130쪽). "시설의 효율적
운영, 위험 회피와 사고 방지, 합리적 수준의 비용 유지"와
같은 운영 원칙들 역시 종자저장고의 지속가능한 운영을
최우선으로 고려한 것입니다(143쪽). 극강의 미니멀리즘을
추구한 저장고의 시설이라니! 첨단 기술로 중무장한 저장고를
기대했던 저의 기대를 멋지게 빗나갔습니다.

국제종자보관소에서 하는 일 역시 놀랍도록 단순합니다.
전 세계에서 종자를 받아 보관하고, 위탁자의 요청이 있을

시 다시 종자를 보내 식량 생산에 활용할 수 있게 하는 것이 전부죠. 물론 실제로 이것을 매끄럽게 운영하는 것은 꽤나 세심한 주의를 요구할 것입니다. 그 과정을 요약하면 이렇습니다. 전 세계의 종자은행은 신선한 종자를 500개가량 방습 밀폐 포일 봉투에 넣어 밀봉합니다. 세계작물다양성재단은 스발바르 종자저장고에서 쓰기 위해서 밀폐력이 뛰어나고 구멍이 나지 않는, "봉투계의 롤스로이스"(144쪽)라고 불리는 저장 봉투를 새로 디자인했다고 합니다(문구를 애정하는 사람으로서 이 봉투 정말 궁금합니다). 종자 봉투는 플라스틱, 종이, 혹은 나무로 만든 내구성 좋은 상자에 다시 담아 밀봉합니다. 수록된 사진을 보니 알록달록한 플라스틱 상자와 종이상자 사이에 북한에서 보낸 종자만이 어두운색의 나무상자에 담겨 있더군요. 이렇게 지정한 기간에 맞춰서 배송된 상자들은 협약에 따라 노르웨이의 식물 검역을 통과하지 않고 그대로 종자보관소까지 배송되며, 영하 18도의 저장고에서 최초 밀봉된 상태 그대로 보관됩니다.

이렇게 보관된 종자의 반출은 2015년 처음 이뤄졌습니다. 시리아 알레포에 본부를 둔 국제건조지역농업연구센터가 내전으로 손상을 입자, 위탁한 종자를 다시 반환해 달라고 요청한 것이지요. 스발바르 국제종자저장고의 중요성을 확인하는 기회였지만, 동시에 씁쓸한 사건이 아닐 수 없습니다.

그럼 어떤 종자가 이곳에 보관되어야 할까요? 전 세계 모든 작물의 씨앗을 보관할 수는 없을 테니까요. 몇 가지 조건에 부합하는 종자만이 이 얼음 동굴 같은 보관소에 저장될 수 있습니다. 먼저 식량 및 농업과 관련된 종자여야 합니다. 보관해야 하는 종자의 우선순위를 두기 위한 것이기도 하지만, 법적인 문제이기도 합니다. 농업 작물다양성과 관련된 협력과 소유권에 대한 국제법이 비교적 명확하기 때문에 국경을 넘어 종자를 보내어 위탁하고, 필요시에 되돌려 받는 과정을 수월하게 진행할 수 있습니다. 또, 씨앗의 형태로 냉동해 보관할 수 있는 작물로 한정되는데, 그러다 보니 곡식, 콩, 옥수수, 채소 종자가 주로 저장되어 있고, 덩이 식물이나 열매 식물은 저장이 어렵습니다. 한편 저장소가 지어진 노르웨이의 법에 제약을 받기도 합니다. GMO 종자의 반입과 저장이 노르웨이에서 금지되어 있어서 이 보관소에는 GMO 작물의 종자는 보관되지 않습니다.

저자 캐리 파울러는 이 몇 가지 최소한의 원칙들을 제외하고는 엄격한 중립성을 지키며 종자를 보관해야 한다고 강조합니다. 어떤 종자가 저장될 가치가 있는지, 어떤 종자다양성이 보존할 가치가 있는지 따지지 않고 최대한 모든 종자를 보존해야 한다는 것입니다. 파울러는 종자의 보존 가치를 판단하는 것이 "월권이며 위험하다"고 강조하죠(149쪽). 작물다양성이 최대한 다양한 유전자 형질을 모두 보존하는 것에 달렸기 때문입니다. 같은 종이라고 하더라도 각각의 씨앗은 서로 다른 형질을 가졌고, 이 형질은 실제 작물의 특성으로 표현되기도, 표현되지 않기도 합니다. 따라서 미처 과학자들과 육종가들이 알아차리지 못한 유전자까지 보존하는 방법은 다양한 종자를 충분한 양으로 보관하는 것이 최선이라고 파울러는 설명합니다.

빛나려 하지 않는 과학에 대하여

노르웨이는 일정 규모 이상의 건축 프로젝트에 따로 예산을 책정해 예술작품을 설치하도록 한다고 합니다. 스발바르 종자저장고에도 노르웨이 예술가 뒤베케 산네의 조명작품 '영속적 파급'이 설치되어 있습니다. 각도에 따라 다른 빛을 내는 유리와 광섬유 케이블로 만들어진 이 작품은, 백야에는 전기의 도움 없이 빛을 내고 극야에는 푸른 빛으로 은은히 빛나고 있어요. 눈 덮인 산속에서 그 존재를 드러내면서도 결코 과시하지 않는 모습으로 말이죠.

그런 점에서 이 조명작품은 종자저장고의 과학과 닮아있는 것

○

같아요. 스발바르 종자저장고를 만들고 운영하는 과학자들은 역할과 중요성에 대해 확신에 차 있으면서도, 식량의 미래를 보장하겠다는 담대한 약속은 하지 않습니다. 종자저장고를 만드는 데에도 첨단 기술과 많은 예산을 투입하기보다는 안정적이고 경제적이며 지속가능한 구조와 운영방식을 고민했고요. 저마다 더 나은 미래를 만들 것이라고 외치는, 번쩍이는 모습을 뽐내는 과학기술과는 달리, 종자저장고는 수많은 현실적인 제약 조건 아래에서 풀고자 하는 문제를 가장 단순하지만 확고한 방법으로 해결해 나가고 있죠.

아영 씨, 우리는 책에서 만난 과학자들에게서 앞으로 나아가는 용기를 얻었다고 고백했지요. 저는 눈 덮인 종자저장고 이야기로부터 세상의 흔들림 속에서도 무언가를 굳건히 지키는 존재가 있다는 사실을 깨달았습니다. 어른의 삶이 지켜야 할 것을 지켜내는 것이라면, 저는 앞으로도 종종 스발바르의 종자저장고를 떠올릴 것 같습니다. 요란하고 번쩍이지 않아도, 단단하기만 하다면 지켜낼 수 있을 테니까요.

마지막 편지

우리가 좀 더 사소한 이유로
과학책을 찾게 되기를
바랍니다

강연실

잡지에 과학책을 주제로 한 연재를 제안받았을 때 곧장 아영 씨를 떠올렸던 것이 생각납니다. 아영 씨가 흔쾌히 연재 파트너가 되어 줘서 매우 기뻤지요. 성공한 덕후의 마음이었달까요. 그 이후 꽤 많은 시간이 흘렀습니다. 여러 사정들로 제가 아영 씨를 많이 기다리게 했어요. 이 기회를 빌어 고마운 마음을 전합니다.

우리는 어떻게 과학책을 마주할 수 있을까요? '마주하는 과학책들'이라는 가제를 붙인 우리의 편지 묶음을 다시 읽어보며 제 머릿속에는 이 질문이 떠올랐습니다. 책과 잡지, 전시, 동영상, 만화, 공연과 강연 등 과학을 주제로 한 콘텐츠는 종류가 다양해지고 그 양도 늘어나고 있습니다. 과학자들과 과학문화 정책가들은 다양한 과학 콘텐츠가 시민의 합리적인 사고방식, 문화적 지평의 확대, 또 과학기술정책에 대한 지지기반 확대로 이어질 것이라고 강조합니다.

좋은 이야기입니다만, 소비자의 입장에서 문화콘텐츠로서 과학은 어떻게 소비할 수 있을지에 대해서는 충분히 이야기되지 않는 것 같습니다. 어린이와 청소년에게는 교육이라는 뚜렷한 목적이 있다면, 우리 같은 성인은 과학에서 무엇을 얻을 수 있을까요. 삶은 녹록지 않고, 과학은 꽤 어렵고, 세상에는 재밌는 게 너무 많으니까요!

이 마지막 편지에서 저는 우리의 과학책 읽기 여정을

우리가 좀 더 사소한 이유로
과학책을 찾게 되기를
바랍니다

되짚어보려고 합니다. 우리가 어떻게 과학을 씹고 뜯고 맛보았는지 더 많은 이들과 공유할 수 있기를 바라면서요.

사실 저는 이 편지의 초고에 과학문화의 개념이나 과학문화 정책에 대한 이야기를 한참 썼답니다. 과학기술학 연구자라면 과학문화는 무엇이고, 과학과 문화의 관계는 어떻게 개념화할 수 있는지, 또 한국의 과학문화는 어떤 모습인지에 대해 이야기해야 하지 않을까 하는 생각에서요. 써놓은 문장들을 한참 째려보다 지우고 다시 편지를 이어갑니다. 과학문화도 중요하지만, 우리의 과학책 읽기가 아주 개인적이기 때문입니다.

우리 대화의 시작은 "과학계에서 '여성'은 어떤 존재일까"하는 것이었습니다. 이것은 곧 우리 스스로에 대한 질문이었죠. 과학을 좋아하고 또 잘하고 싶은 학생이었던 우리는 우리를 둘러싼 과학의 풍경이 남학생들의 것과는 조금 다르다는 것을 감각하고 있었습니다. 여성 교수 임용 할당제가 역차별이라던 아영 씨 선배의 한마디가 그랬고, 소수의 선별된 전공들이 개설되어 있었던 제가 다닌 여대의 공대 풍경이 그랬죠. 그 '다름'을 설명하는 언어를 찾아 우리는 여성과 과학기술에 대한 책을 찾아 읽었습니다. 언젠가 이런 이야기를 나누었죠. 공학도에서 직업인으로 성장하는 동안 그저 께름칙한 느낌으로 남아있던 것들을 서른 중반을 넘어가는 지금이 되어서야 비로소 구체적인 언어로 설명할 수 있게 되었다고요.

그간의 경험적 증거들, 다른 여성들과 나눈 대화들, 또
우리가 읽은 책들이 쌓여 나와 내 주변을 이해할 수 있게 된
것이겠지요.

우리는 과학이 여성을 이해하는 방식, 기술이 여성을 표상하는
방식에도 많은 관심을 가졌습니다. 챗봇 이루다를 둘러싼
사태는 딸을 가진 아영씨를 더 화나게 했고, 어린 여성의
모습을 한 가상 존재들은 저를 매우 불편하게 만들었죠.
우리는 우리의 불편한 감정을 이해하기 위해 과학책을
찾았습니다. 과학은 이성과 논리의 학문이라고 하지만
과학책을 찾는 이유까지 논리적일 필요는 없으니까요.

아쉽게도 과학기술과 여성에 대해 우리가 미처 함께 읽지
못한 책들도 있습니다. 아영 씨는 과학기술학자 임소연의
『신비롭지 않은 여자들』을, 저는 캐롤라인 크리아도 페레즈의
『보이지 않는 여자들』을 더 간략히 소개만 하고 넘어갔지요.
(이렇게 나란히 쓰고 보니 꼭 시리즈 같습니다!) 이 책들은
모두 과학기술이 '여성'을 마주하는 방식을 다루고 있습니다.
우리가 가진 여성에 대한 과학지식과 여성을 둘러싼 기술
환경이 왜 지금의 모습을 하고 있는지 물어보지요. 언젠가 이
두 권의 멋진 책들에 대해서도 더 깊은 이야기를 나눠볼 수
있었으면 좋겠습니다.

여성에 대한 우리의 관심은 과학기술이 장애, 인종 문제와

우리가 좀 더 사소한 이유로
과학책을 찾게 되기를
바랍니다

어떻게 얽히는 지로 넓혀졌습니다. 돌아보면 우리는
과학기술과 소수자에 대해 이야기하며 더 나은 과학기술은
어떻게 가능한지에 대한 나름의 답을 찾고자 했던 것
같습니다. 이번에 함께 읽은 책들을 통해서 저는 과학의
엄밀한 방법론을 따르는 것이 더 신뢰할 수 있는 과학으로
곧바로 이어지지 않을 수도 있다는 것을 알게 되었어요.
때때로 과학 밖으로 목을 내밀어 어디로 향하고 있는지
살펴보는 것이 필요하죠.

그런 점에서 우리가 서있는 위치는 과학의 안팎을 더 예리하게
관찰하는 데 도움이 되었다고 생각합니다. 이 책의 작업을
시작하며 저와 편집자님 사이에 작은 실랑이가 있었던
것을 기억하시나요? 저는 제가 '과학계' 사람이 아니라고
했고, 편집자께서는 아영 씨와 제가 '과학계' 사람이라고
강조하셨죠. 글쎄요, 저는 아직도 제가 과학에는 한쪽 발만
조금 담그고 있는 사람이라고 생각하고 있습니다. 그렇지만
우리는 과학의 주변인이기 때문에 그 경계에서 과학이
만들어내는 다양한 접점과 소음들을 관찰할 수 있었다고
생각해요. 이런 관찰을 반복하다 보면 과학의 본질에 대해 더
잘 이해할 수 있을 것입니다.

돌고 돌아 우리의 과학책 읽기는 다시 '나'로 향했습니다.
우리는 각자의 영역에서 인정받는 직업인이고 싶고 또 좋은
어른이 되고 싶지만, 사실은 그렇지 못한 순간이 더 많습니다.

겉으로는 괜찮은 '척'하고 있어도 속으로는 오들오들
떨고 있기 일쑤니까요. 그런 순간에 우리는 책에서 만난
과학자들로부터 용기와 위안을 받았습니다. 하루, 일주일,
한 달 할 일들을 쌓아 나갔다는 심채경 박사의 이야기처럼,
과학자들은 한 걸음씩 내디뎠습니다. 또 그렇게 인류 지식의
경계가 넓어지고 있다는 사실은 얼마나 안심이 되는지요.

사실 이건 제가 예상치 못한 경험이었습니다. 과학책을
읽고 위안, 용기 같은 단어를 떠올릴 것이라고는 생각하지
못했어요. 여전히 공부하듯 책을 대하는 저에게, 아영 씨는
'나'를 이해하기 위해서, 딸아이가 살아갈 세상이 걱정되어서,
그리고 그냥 궁금하고 재밌으니까 과학책의 페이지를 넘길 수
있다는 것을 일깨워 주었습니다. 지평을 넓히기 위해, 그래서
세상에 대한 이해의 폭을 넓히기 위해 과학책을 읽는다는 아영
씨의 이야기가 오래 제 마음에 남아있습니다. 덕분에 저도
새로운 과학책 읽기를 배웠어요.

'나'에서 시작해 여성과 소수자, 인류와 지구, 과학의 본질을
거쳐 다시 '나'로 돌아오는, 이 궤적이 저는 썩 마음에 듭니다.
나에 대한 물음에 답을 얻기 위해, 나와 연결된 다른 존재에
대해 더 이해하기 위해, 더 단단한 내가 되기 위해 우리는
과학책을 찾았습니다. 종종 의외의 답을 얻기도 하면서요.
저는 앞으로 제가, 또 우리가 좀 더 사소한 이유로 과학책을
찾게 되기를 바랍니다. 이해가 안 가는 부분들은 모르는 채

슬쩍 넘어가도 괜찮을 겁니다. 아주 개인적인 과학책 읽기라면 말이죠.

마지막 편지

너와 나를 이해하기 위한
과학책 읽기는
계속될 것입니다

우아영

연실 씨, 정확히 말하면 만 3년이나 됐어요. 우리가 이 기획을
두고 의기투합한 지 말이에요. 연재 기회가 생겼을 때 연실
씨가 저를 떠올려주어서 정말 기뻤습니다. 얼굴 한두 번 본
게 다인 사람과 이렇게 긴 기간 동안 편지를 주고받을 일이
생길지 어찌 알았겠어요? 이 또한 제 삶에 찾아온 커다란
행운이었다고 생각합니다.

탈락한 여성 공학도이자 전 과학기자라는 정체성을 유지한
채 누군가에게 편지를 쓴다는 게 무척 어려운 일이었다고,
마지막 편지에서 고백해 봅니다. 사실 과학기술학 연구자라는
정보 외에 연실 씨라는 사람에 대해서는 잘 몰랐으니까요.
어떤 언어로 말을 걸어야 할지 혼란스러웠어요. 마치 '번데기
앞에서 주름잡는' 것처럼 느껴져서, 제 글이 연실 씨에게
시시하게 느껴지면 어쩌나 걱정했어요. 또 한편으론 그렇게
쓰인 글이 과연 대중에게 다가갈 수 있을까 하는 걱정도
했습니다. 그래서 부끄럽지만 평소의 저보다 주절주절 말이
길었던 것 같기도 해요.

그런데 그런 고민을 안고 시작한 편지에서 저는 감히 '나'를
조금 더 이해하게 되었다고 말하고 싶습니다. 연실 씨는
저에게서 과학책을 읽는 새로운 방법을 배웠다고 했지만,
제가 본래 가지고 있던 생각이나 습관 같은 건 아니었어요.
저도 이번 연재를 통해 새로이 배운 것이랍니다. 공학도나
과학기자 같은 정체성은 돌이켜보면 사실 아무것도

아니었어요. 과학기자인 탓에 늘 일로만 과학책을 대해
왔는데, 어느새 딸아이를 키우는 30대 한국인 여성이 되어 내
삶의 당면한 문제를 해결하고 싶어서 과학책을 뒤적거리고
있었죠. (지난달에 가장 고민했던 문제에 대한 답을 찾을 수
있는 과학책을 선정하고 있다고, 연실 씨에게도 이야기한 적
있었죠?)

그러다 보니 계속 '나'를 들여다보고 내 친구들의 이야기에
관심을 갖게 되었습니다. 연실 씨의 편지를 받아 답장을 하기
위해 읽고 또 읽으면서, 행간에 담긴 연실 씨의 이야기를
꺼내어보려고도 몹시 노력했습니다. 그리고 그 과정에서 연실
씨도 저와 비슷한 고민을 안고 있었음을 느낄 수 있었고, 연실
씨라는 사람을 아주 조금은 더 이해하게 됐다고 생각해요.
그렇게 '나'와 '너'를 들여다보는 과정을 통해 결국 저와 연실
씨는 '우리'를 들여다보는 글쓰기를 했던 것 같습니다. '우리'의
범위는 읽는 사람에 따라 얼마든지 달라질 수 있고요.

물론 과학이 완성된 절대 진리 같은 건 아니어서, 복잡다단한
삶 속의 문제들을 모두 해결해줄 수는 없었죠. 과학이 닿지
못하는 영역도 아직 많고, 과학이 아직 모르는 부분도 많고요.
우리가 주고받은 편지 안에도 이런 문제의식을 많이 담아냈죠.
산다는 게 본래 명쾌한 구석이 하나도 없다는 깨달음을 얻은
것도 같습니다, 하하하.

하고 싶은 말이 많지만, 꼭 소개하고 싶은 한 권의 책을 더하는 것으로 제 마음을 갈음하고자 합니다. 정인경 박사는 『내 생의 중력에 맞서』의 서두에 다음과 같이 적었습니다. "과학은 소수의 백인 남성 과학자, 엘리트나 전문가가 독점하는 지배 또는 힘의 언어가 아니라 인간의 무지와 편견을 깨고 세상을 바꾸는 해방의 언어가 되어야 합니다. 저는 과학책 읽기의 출발점에 우리의 경험을 세워놓고 싶었습니다. 새로운 앎을 통해 자기 변화를 추구하는 '우리의 이야기'가 더 나은 과학기술, 사람을 위한 과학기술을 만들 테니까요."

너와 나를 이해하기 위한
과학책 읽기는
계속될 것입니다

평행세계의 그대에게 :
과학 읽는 두 여자가 주고받은 말들

지은이	강연실 · 우아영	

펴낸이	주일우
편집	강지웅
디자인	PL13
마케팅	추성욱

처음 펴낸 날
2023년 3월 31일

펴낸곳	이음
출판등록	제2005-000137호 (2005년 6월 27일)
주소	서울시 마포구 월드컵북로1길 52, 운복빌딩 3층
전화	02-3141-6126
팩스	02-6455-4207

전자우편
editor@eumbooks.com
홈페이지
www.eumbooks.com
인스타그램
@eumbooks

ISBN 979-11-90944-84-7 03400
값 18,000원